电闪雷鸣

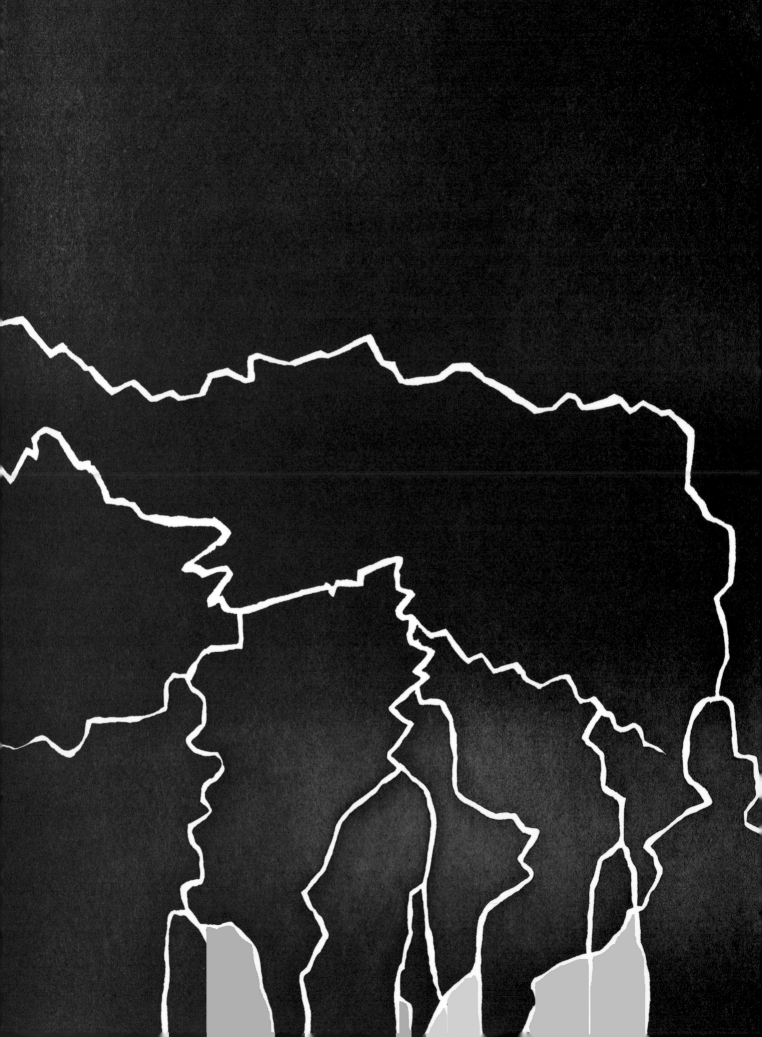

THUNDER & LIGHTNING

WEATHER PAST, PRESENT, FUTURE

电闪雷鸣

天气的过去、现在与未来

〔美〕劳伦·瑞德尼斯（Lauren Redniss）著　罗猿宝译　朱丰审校

北京联合出版公司
Beijing United Publishing Co.,Ltd.

献给
J&S&T

我正琢磨着要不要临时补缺地聊几句天气，她开口了。

——P. G. 伍德豪斯，《万能管家吉夫斯》

目　录

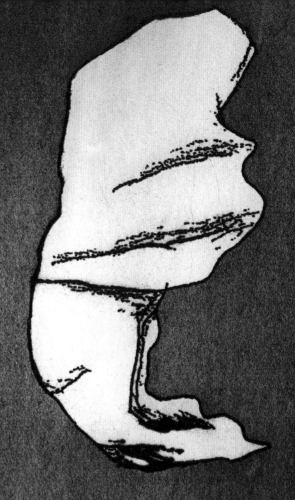

第一章

混　沌

"之前，

一切都美丽而宁静。

它坐落在尘世之上，就在这个小小的平原。

你可以望过去看到

山

在它周围盘桓

花啊，荒野啊，灌木丛啊。就是一个

非常漂亮的

公墓。"

休·弗卢埃林（Sue Flewelling）是佛蒙特州罗切斯特市伍德朗公墓的管理员。

"这座公墓现在撕裂出这么个大洞，就像一个遭遇强暴的受害者。这说法很直接——不过确实是我现在对这种情况的感觉。我想说，这能修补好，可惜那道疤痕仍然会在。"

飓风"艾琳"最开始是一股从低压中心延伸出来的狭长区域——一股热带波，在2011年8月底出现在加勒比地区。云和雷暴形成了。风把它们接起，在8月20日积成一股暴风，袭击了圣克罗伊岛。"艾琳"不断从温暖的水域获得能量，逐渐演变成三级飓风，以大约190千米/时的高速旋转经过巴哈马，接着在登陆北卡罗来纳州之前弱化成一级飓风。"艾琳"不断倾倒雨柱，继续北上的步伐。就在8月28日黎明前，她袭击了新泽西州的小埃格水湾（Little Egg Inlet），那天早上晚些时候抵达康尼岛，晚上又经过了佛蒙特州和新罕布什尔州。

"艾琳"消散时，已经有49个人死去。这场风暴造成了近160亿美元的损失。佛蒙特州罗切斯特市的道路都被冲垮。一座桥梁坍塌，房屋倾覆。为排出罗切斯特内森溪的水而建的涵洞被残骸堵住。洪水通不过这道涵洞，就从四面汹涌而至并包围了它，结果雨水涌入了伍德朗墓地。尸体都没法埋葬。佛蒙特验尸官办公室的工作人员被叫来辨认尸体。首席验尸官伊丽莎白·邦多克（Elizabeth Bundock）医生与包括弗卢埃林在内的地方官员一起合作。

休·弗卢埃林："那一天我们知道会有风。天气预报是这么说的，我们也为此做好了准备。结果我们没迎来什么风。都是水。"

伊丽莎白·邦多克："这个公墓的一部分被冲刷掉了。水带着干枯的骨头流淌，最终将它们留在了路上和田里。"

休·弗卢埃林："这个公墓在离小河上方很远的地方——我是说，这真的是一条非常非常细小的溪流，一条流入白河的小支流。我们现在说的可是一条你可以踩着溪石渡过的小溪啊。"

伊丽莎白·邦多克："有些年份，到了夏天这条小溪还会枯竭。"

休·弗卢埃林："但是那道涵洞没有发挥作用，它失效后还带倒了大树，大树又堵塞了水流，让

它流向公墓。"

伊丽莎白·邦多克: "地下墓室,每个大概重200千克、500千克的样子,都被翻倒了。棺材从地下墓室倾翻出来。有些棺材被泥沙、岩石还有砾石给埋了一部分。有些被磕坏了,裂了开来。"

休·弗卢埃林: "还有一些是火化后留下的骨灰,那些部分我们永远也找不回来了。"

伊丽莎白·邦多克: "我有一张单子,上面列了这些受灾的棺材。就是用排除法(来确定每个人的身份)。"

休·弗卢埃林: "到目前为止,我们已知失去了54个人。"

伊丽莎白·邦多克: "我们有一个50人的名单,但是我们没有50具尸体。这些尸体有一半已经入土超过50年了。那个时候,他们是放在木头棺材里下葬的,这些尸体现在都已经变成骷髅。棺材也可能已经腐烂。就这些人来说,我们要寻找的是什么都很难说。"

休·弗卢埃林: "电话铺天盖地地打进来,都是其家人来询问自家的墓地有没有被冲掉。"

伊丽莎白·邦多克: "我们对任何形式的残骸都进行了大规模搜寻。但是不可避免,好多我们没有找到,因为有可能有很大块的残砖瓦砾、木条和植被覆盖了这些人体残骸。"

休·弗卢埃林: "对于其中一部分人,我们能找到的只有尸骨和碎片。"

伊丽莎白·邦多克: "我们根据棺材的特征,还有一些私人特点——无论这个人有什么不同寻常的特征——伤疤、衣着、珠宝、个人纪念品、诞生石戒指。有些时候看的是人体特征,是不是有伤疤或者

截过肢,要不就是有非常独特的面部特征,比如一个很大的鼻子,或是一个显眼又孔武有力的下巴。他们的头发也能帮上忙。卷发,直发,长发。很多人是和衣服珠宝一起下葬的。有一些人是和照片或者手写卡片一起埋葬的,比如孙辈写的卡片之类的。我们有石匠,还有圣地兄弟会的人,他们带着和这些生活方面有关的东西,比如一支笔或者一顶土耳其毡帽。"

休·弗卢埃林: "他们从这些我们没有办法完全确认的人身上提取 DNA 送去(检测)。有一具棺材里有一个小瓶子,瓶中有张纸。纸张已经受潮,不过没有碎掉。铺开来就能知道这些是什么人,他们什么时候去世,什么时候下葬,和谁是亲戚。我想他们多付70美元就是为了把这个小瓶子装在棺材里。"

伊丽莎白·邦多克: "我确信我们没办法识别每个人的身份。"

休·弗卢埃林: "我们手上有无法确认身份的尸骨,但这些残骸必须安置在某处。我们将把一块地留给那些无法辨认的尸体。放一块石头在那里,给每一个失踪的人。一些墓碑和尸体被一同冲走了。我们在碎石堆里发现了它们。"

伊丽莎白·邦多克: "我发现自己望着这个遭受灭顶之灾的地方,然后转身到另一面——转了个 180° 的弯——看到了最美丽、最平和的风景,佛蒙特的小山就在背景处。而那天空,你知道的,就是那么美。你站在那儿,惊叹于那些水的力量,它们必须流动得那么快才能把重达上百千克的坚实的地下墓室翻倒在河床里。而大多数人希望他们所爱的人,一旦入土,就能为安。"

休·弗卢埃林: "你明白的,一座公墓是一个事物体系中的小点。你需要帮助活着的人。"

第二章

严　寒

因纽特人 相信，
入眼之后，你的
眼球会到处游走，
这就是为何你能
梦到遥远的彼方。

1921 年，北极探险家

维赫穆·斯特凡松（Vilhjálmur Stefánsson）这样说道：

"当我指出一些人睡着时眼睛会略微睁开，

你可以看到他们的眼珠，

这些因纽特人坚称，

那些人当下并没有在做梦。"

斯特凡松出生在加拿大马尼托巴省的一个冰岛裔家庭，他在哈佛大学学习人类学，1906 年动身前往加拿大的北极区。在接下来的 12 年里，他去往这个地区进行了三次探险。斯特凡松被这些凝固的风景深深吸引。在《友好的北极：在极地的五年》(*The Friendly Arctic: The Story of Five Years in Polar Regions*) 一书中，他描绘了跨越白雪覆盖的地带，透过种种极地视觉看到的奇异事物："日光几乎可以忽略不计；而月光先透过高高飘浮在空中的云层，再透过笼罩大地的雾气接触到你，能让你清楚看到雪橇犬队，甚至是 100 米开外的一块黑色岩石；然而，这种光线照在你脚下的雪上时，并没有比没有光好多少。"在这片自上加白的广阔之景中，细节被抹去，有一种完全空寂的迷惘错觉。"那里看起来仿佛什么都没有，每一次抬起脚，都像在太空中漫步。"斯特凡松会往前扔自己的鹿皮连指手套，以此来标记一段路。"把其中一只手套向前扔 10 米左右，我会把目光牢牢锁定在这只手套上，直到我离它大约 3 到 4 米远的样子；这时，我会用同样的方式把另一只扔出去。所以，大多数时候我就能看到行路前方雪地里的两个黑点，而这两个黑点之间又会被五六米的白雪隔断。"

这个小技巧并不能避开所有险阻。"如果你真的拥有坚强的意志，并承认自己的眼睛其实一无是处，这一切倒也没这么糟。但是当你持续尽己所能地去观看，这种压力就会导致雪盲。"

雪盲，又称光性角膜炎 (photokeratitis)，是一种暂时性的眼疾，是日光紫外线在光滑的积雪和冰面上反射，灼伤未做防护的眼角膜后导致的病症。极地的居民为了和雪盲抗争，曾经砍下木头或驯鹿角制

成护目镜。这种护目镜有一条很窄的缝隙，仅允许一丝细长的光线透过。有人在西伯利亚发现了一副用精美珠子装饰的护目镜——这副 19 世纪的眼镜现存于大英博物馆，割开窄缝的凸面铜制"透"镜被缝在驯鹿皮制的面罩上，佩戴的时候，把柔软和毛茸茸的一面贴着脸。

斯特凡松佩戴的是琥珀色镜片的眼镜，但是他仍然会偶尔遭遇雪盲的煎熬："人们可能推断，雪盲症最容易在阳光普照的大晴天发生，其实并非如此。最危险的状况是云层足够挡住太阳，但又不够厚重，无法形成我们描述为阴云密布或阴沉的天气。光线如此均匀地散开，任何地方都看不到影子……在这样没有投射下任何阴影的一天，如果你行走在粗糙的海冰上，即使拥有最灵敏的眼睛都无法事先小心；你可能被一堆齐膝高的冰块绊倒，又或是直直地撞上从边缘升起的一大块冰，就像撞上房子的一面墙，抑或是踩入一道刚好能吞下你的脚的冰缝，或是一个大到可以做你坟墓的冰窟。"

持续的寒冷，接连数月的黑暗，缺乏食物，面临被北极熊袭击的威胁，孤独，精疲力竭，变幻莫测的海市蜃楼：这些已经成为关于北极和南极探险的英雄叙事中的重要元素。危险系数越高，所得荣誉越多。自最后一次极地探险返回之后不久，维赫穆·斯特凡松写道："我最开始的志向，据我自己所记，是效法杀死印第安人的水牛比尔，那是在我还是个小男孩的时候……（然后）我转移了志向，我的偶像变成了鲁滨孙·克鲁索 (Robinson Crusoe)……20 年后，当我发现了陆地，并且踏上了从未有人踏足的岛上陆地之后，我在现实中体会到了小时候梦想自己在一个属于自己的岛上，做一个遗世独立的人的那种震颤。"

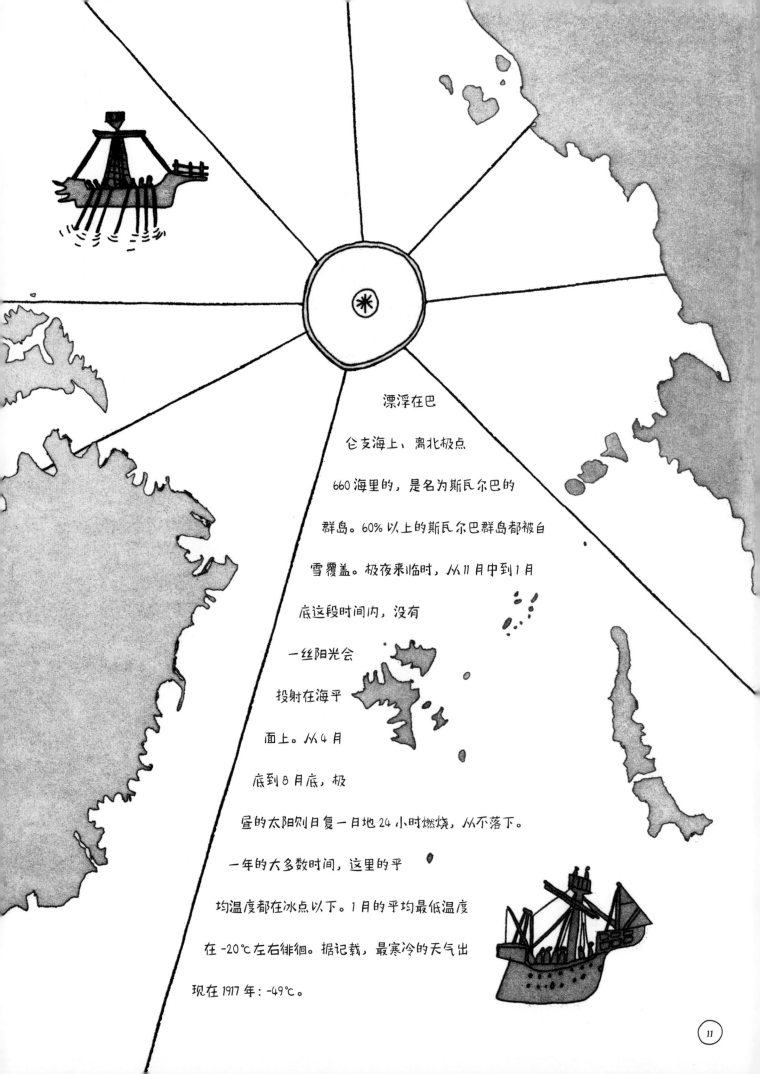

漂浮在巴

仑支海上、离北极点

660 海里的，是名为斯瓦尔巴的

群岛。60% 以上的斯瓦尔巴群岛都被白

雪覆盖。极夜来临时，从 11 月中到 1 月

底这段时间内，没有

一丝阳光会

投射在海平

面上。从 4 月

底到 8 月底，极

昼的太阳则日复一日地 24 小时燃烧，从不落下。

一年的大多数时间，这里的平

均温度都在冰点以下。1 月的平均最低温度

在 -20℃ 左右徘徊。据记载，最寒冷的天气出

现在 1917 年：-49℃。

在斯瓦尔巴群岛，劲风吹起粉状的雪，在冰冻的大地上不停地旋转出旋涡。那里没有树，没有庄稼，也没有可耕种的土地。今天，斯瓦尔巴群岛的全部居民包括大约 2 000 个人和 3 000 只北极熊。一年到头都不会解冻的永冻土层覆盖大地。在夏季的几个月内，地表一层薄薄的土层，也就是所谓的"活动层"（active layer）逐渐升温，足以为小花和矮生浆果提供所需的养分。

斯瓦尔巴群岛通常被认为是荷兰探险家威廉·巴伦支（Willem Barentsz）在 1596 年发现的，但也有人猜测，维京人早在 12 世纪就来到了这里，而自那之后不久，俄罗斯北部的波莫尔人（pomor）可能曾在这些群岛狩猎，并把一些毛皮和海象牙之类的战利品带回家。17 和 18 世纪，斯瓦尔巴群岛成了捕鲸的地方。直到鲸的种群被捕到近乎灭绝之前，这种捕鲸作业的中心据点，是一个名为史密伦堡（Smeerenburg，荷兰语中的"鲸脂镇"）的地方。工业采矿从 20 世纪早期开始发展，直到今天仍然是这片群岛的经济支柱。

斯瓦尔巴群岛上的生活极为艰辛。英格丽·厄尔伯格（Ingrid Urberg）是加拿大阿尔伯塔大学做斯堪的纳维亚研究的一位教授，她检视了 17 世纪驻扎在伦敦的英俄莫斯科公司（English and Russian Muscovy Company）的档案："这个公司出于看管捕鲸站的考虑，试图通过许诺财富和自由，引诱死囚来斯瓦尔巴群岛过冬。可是这些囚犯到了这里之后，就变得特别恐惧，甚至反悔接受这项提议，祈求送他们回家。对他们来说，在斯瓦尔巴群岛要面对北极熊、严寒和维生素 C 缺乏病，相较之下，死亡都显得更可亲了。"

在斯瓦尔巴群岛，连亡灵都无法得到安息。一位

名叫克里斯蒂亚娜·里特尔（Christiane Ritter）的奥地利妇女于 20 世纪 30 年代前往这个群岛旅行，成为"第一个在如此靠北的地方过冬的欧洲人"。一年后，里特尔回到奥地利，写了一部回忆录，后来活到了 103 岁。她在《极夜下的女人》（A Woman in the Polar Night）中写道："封冻的地面如钢铁般坚硬，我头一回理解了为什么在斯匹次卑尔根岛的冬天死人无法下葬，还有，为什么整个冬天，猎人为了逃出熊和狐狸的利掌尖牙，会把他们死去的伙伴留在岛上的小屋里。"

埋在斯瓦尔巴群岛的棺材渐渐被挖掘出来：土地吸收夏天的雨水，冬天结冰，体积膨胀，把棺材一点点、一点点地推向地表。几十年前，小小的地方墓园就停止接收新的尸体了。在斯瓦尔巴群岛，你会听到人们评论，死在这里是违法的。当地政府办公室的交流部顾问利芙·阿斯塔·奥德加尔德（Liv Asta Ødegaard）这样说道："听起来有些讽刺，我们会说，死在斯瓦尔巴群岛是非法的。挪威政府不希望有人在这片土地上出生或死亡。这里的医院有一位妇科医生，但不确定他是不是每天都值班，甚至不确定他在没在岛上。我们没有任何社会福利系统。如果你是老人，又需要帮助，你得赶紧离开斯瓦尔巴。"2012 年 9 月，斯瓦尔巴群岛的英语周报《冻人》（Ice People）发表了一则关于 80 岁居民安妮·梅兰（Anne Maeland）面对离岛压力的故事。这篇文章里引用了市议会议员约恩·桑德莫（Jon Sandmo）的一句话："20 个退休人员就能让我们陷入贫困。"

这样看来，在这样一个地方生活似乎毫无意义——一个寒冷到无法出生，也无法死亡的地方。

但是，寒冷也可以维持生命。

严寒会延缓衰老、阻碍微生物生长，保

持远远超出"正常"环境下所允许的

活力。从某种意义上可以说，寒冷

让时间的行进脱离了轨道。我们

家里用的电冰箱就依赖的这种原

理，比如打包昨晚的剩饭，或是把一块结婚蛋糕留到

婚后很多年。有些人还希望把这些点子用于延长人类的寿命。阿尔科生命延续基金会（The

Alcor Life Extension Foundation）是一家提供"投机的生命支持"服务的公司。阿尔科采

用人体冷冻学——"低温保存人体及动物"——拯救生命，"现今医学手段无法治愈的人，

可以通过超低温度保存数十甚至上百年，直到未来的医学技术能让他／她恢复健康"。

2012 年，俄罗斯科学家

报告，他们从保存在西伯利亚永冻土里

的组织中再生了一株 30 000 年前的植株：

冰期的松鼠曾把狭叶蝇子草（*Silene stenophylla*）的种子

埋在西伯利亚东北部的一个地洞里；它们用干草和动物皮毛填补地洞里的空隙。

根据其中一位研究者斯坦尼斯拉夫·古宾 (Stanislav Gubin) 所说：这是"一种自然

的冷库"。从已经变成化石的水果组织入手，科学家已经能够诱导精巧的五瓣白色花朵开花。

在斯瓦尔巴群岛斯匹次卑尔根岛的朗耶尔城（Longyearbyen）定居点外，有一条深入砂岩山坡的隧道，长约150米。出入口用水泥浇筑而成，从侧面看，隧道两侧的墙壁沿对角线向上方斜伸入冰冷的空气，遮蔽了用钢铁加固的大门。在入口通道的背后，有一条斜向下通往另一扇锁着的大门的隧道。这条隧道由波纹状的铁片建成，铁片褶皱的凹槽间还有一道道冻结的坚冰。尽头的那道门通往和这条隧道相垂直的一个空间，就好比一座教堂的耳室横贯正厅。起伏的岩石墙壁已经覆上了喷涂型混凝土，也经过了浸塑处理。进入这个明亮的白色洞窟，你站的地方面向三扇大门。中间那扇门由钢铁制成，闪着冰晶的光芒。上面的锁也同样被闪亮的霜冻裹覆。这里是斯瓦尔巴全球种子库，它被称为"存种子的诺克斯堡"*或"末日种子库"。全球种子库是一家贮藏机构，也是全世界农作物多样性的保险库。全世界很多国家都把种子存放在这里防止丢失。战争、管理不当、能源枯竭、财政动荡、极端天气、气候变化，地方种子库面对这些灾难时很脆弱。近年来，伊拉克、阿富汗和埃及的种子库不是被毁，就是遭到掠夺。斯瓦尔巴群岛——一个极度不适宜农业耕种的地方，一个用严酷对待每一种生命的环境——最终却成了保障全世界农作物丰收的理想地点。

极地永久冻土创造了一个天然的 -6℃ 的库内环境，附加的机械降温再把温度降到了 -18℃ 以下。根据美国农业部的说法，在这样的温度下，食品"能够一直安全无虞"地储存；而且，这也被认为是适合保存种子的温度。全球农作物多样化信托基金、北欧遗传资源中心和挪威政府这三个联合管理种子库的组织发布过信息："即使全球变暖趋势恶化，在最坏的情形下，这个种子库的贮藏室也能继续自然冻结200年。"此外，其他的自然保障系统也已经就位："环绕着这个种子库的斯瓦尔巴地区非常偏僻、严酷，周围栖息着北极熊。"

满负载的情况下，这个种子库能贮存22.5亿粒种子。能够为"可持续农业及食品安全"做出贡献的种

子有入库优先权。种子样本经过干燥处理，包裹在四层箔纸做成的小袋子里，放入密封的箱子。这里有来自亚美尼亚的大麦和节节麦，澳大利亚的豌豆，加拿大的孜然、亚麻、野生黑麦、苜蓿和葵花籽，以色列的小麦，乌克兰的小扁豆，德国运来的针茅、藿香、乌头、蓍草、万寿菊、大看麦娘、藜草、蜀葵、滨藜、欧洲山芥、金鱼草、洋甘菊、石刁柏（芦笋）和野洋葱，乌干达的牛筋草和高粱。这里还有来自肯尼亚的桃花心木，爱尔兰的三叶草，巴基斯坦的芥菜和鹰嘴豆，中国台湾的瓜和牵牛花。来自美国的罗勒、薄荷、月见草、欧芹、菊苣、秋葵、黑莓、梨、西瓜、草坪草、早熟禾（蓝草）。还有从韩国运来的芝麻、菠菜、萝卜、花生、番茄、野生胡萝卜、薏苡。附近的一个架子上还有来自朝鲜的玉米和水稻种子。

截至2014年，斯瓦尔巴全球种子库保存了能代表大约230个国家和地区农作物的种子样本。种子库国际咨询委员会主席卡里·福勒（Cary Fowler）曾表示："我们拥有的这些种子的来源国，有一些已经不复存在。"在种子库里，苏联和坦噶尼喀（现属坦桑尼亚）依旧"存在"。中东的领土争端并不影响工作人员把装有种子的箱子都贴上"巴勒斯坦"的标签。2012年，当叙利亚深陷暴力冲突危机时，仍有一大箱（种子）运到了种子库。"我们这里不玩政治游戏。"福勒说。

直到1920年，斯瓦尔巴都是一片不属于任何国家的土地，也不遵从任何法律。第一次世界大战的《凡尔赛和约》谈判期间，尽管斯瓦尔巴群岛在很多方面和挪威大陆不同，《斯瓦尔巴条约》仍然规定：这些群岛属于挪威领土。想要在斯瓦尔巴群岛生活的人不需要申请居住许可、工作许可或是签证。此条约保证任何签署方国家的国民都可以开采这片土地上的自然资源或是参与这里的商业活动。不签署此条约的国家居民同样拥有这种权利。"我们不歧视任何人。"挪威法律顾问汉娜·英厄布里斯滕（Hanne Ingebrigsten）在2007年这样告诉《亚洲时报》（Asia Times）。斯瓦尔巴群岛不受任何海关规定制约，购物免税。2014年，挪威大陆的个人所得税税率是27%，斯瓦尔巴群岛的则降到了8%。

---

* 美国肯塔基州北部路易斯维尔西南的军用土地，自1936年来是联邦政府的黄金存放处。这里比喻该建筑坚固且戒备森严。——译者注

岛上最大的定居地朗耶尔城，是以一个美国人的名字命名的。约翰·门罗·朗耶尔（John Munroe Longyear）是密歇根州的一个政客。1906年，他的极地煤炭公司（Arctic Coal Company）刚来这里挖煤，他也随后在这里建起了这座城镇。一个世纪之后，斯瓦尔巴群岛对经济移民仍有很大的吸引力。税率低，即使是技术含量较低的工作，发的薪水也挺高。如今，从大约44个国家来的2000多人生活在斯瓦尔巴群岛上，他们分别来自伊朗、博茨瓦纳、马来西亚、印度、中国、突尼斯、乌拉圭、秘鲁、墨西哥、哥伦比亚、斯洛伐克、波斯尼亚和黑塞哥维那，阿塞拜疆、菲律宾、俄罗斯、立陶宛、匈牙利、荷兰、德国、法国、英国、芬兰、丹麦、瑞典、美国、阿根廷、巴西、智利、越南。除挪威人外，这里人口数量最多的是泰国移民。斯瓦尔巴是一个禁忌之地，同时也是一片机遇之地。

朗耶尔城坐落在峡湾岸线上的一个山谷里。一堆四四方方的房子像乐高积木套装一样色彩斑斓，映衬在洁白的山脉中。这片定居地有一条商业街。这是一条步行街，不过倒也不难看到人们踩着滑雪板随意滑动或者用雪橇拉着孩子来往。麋鹿在镇子里漫步。街道中间是福如茵咖啡店（Fruene cafe），店里提供三明治、蛋糕、咖啡、红酒，还出售毛线和服装：连指手套、袜子，还有本地做的女式长裙。

谭咏·苏万博黎波恩（Tanyong Suwanboriboon）在福如茵干了两年。

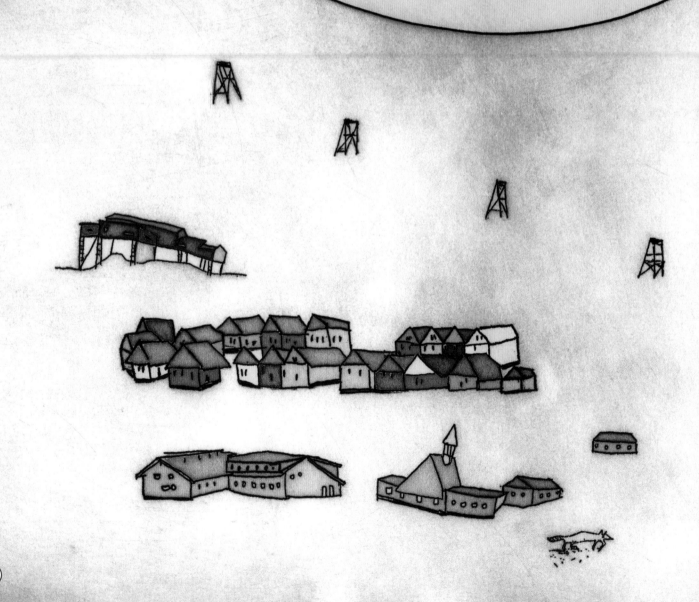

她留着长长的黑发。说话的时候，她会把长发从脸旁拨到后头，然后笑笑。她43岁，出生于泰国北部碧差汶府的一户人家，在七个兄弟姐妹中排行老二。碧差汶府的平均温度在26.6℃左右，即使在最冷的冬日也很少降到15.5℃以下。碧差汶府位于一个茂盛的河谷，那里有湖泊、瀑布和肥沃的土壤。农业繁荣。

谭咏·苏万博黎波恩在家乡拥有一个农场，在斯瓦尔巴群岛生活期间，她的表亲帮她照看这个农场。"我的花园里有好多水果——杧果呀，许多不同品种的香蕉，椰子啦，阳桃啦，木瓜啦，酸豆啦，柚子啦，波罗蜜啦——波罗蜜是一种个头很大又很甜的水果，果肉是黄色的。农场里还有笋，我会用它和肋排一起炖汤。"她2008年来到朗耶尔城，第一次看到雪。她在咖啡店赚的钱比在泰国多四倍。"在碧差汶府，我有一个小养猪场。回去后会把它变成一个大养猪场。"她打算在北极工作十年。

苏万博黎波恩在斯瓦尔巴群岛的小世界受到严密的限制。朗耶尔城中心出城的路到镇子外面一点点就闭塞不通了。冬天的黑暗和寒冷之外，人类的行动力还因北极熊的出没而进一步受限。任何离开镇子的人都会被劝告随身带把枪。苏万博黎波恩倒没有为这些限制伤神，她关心的只有工作。"我不去想外面的世界，"她说，"极夜还是极昼——对我来说没什么区别。我不会去想太阳会不会升起。我只专心工作。"不上班的日子，她就帮别的人家保洁房屋。

　　苏万博黎波恩只允许自己抱怨在斯瓦尔巴群岛生活的一个方面：她讨厌挪威的食物。一提到传统的极地食物——鲸肉、驯鹿肉、海豹肉，她就畏缩了："一点营养也没有。"她自己的厨房里有一个巨大无比的卧式冷藏柜，那种你能在纽约城的酒店里找到的装各种冰激凌的柜子。

　　苏万博黎波恩的冷藏柜里装满了冷冻的虾、春卷皮和其余很多做泰国料理需要用到的食材。紧挨柜子的是一个小门厅，里面存放着一袋袋从当地超市买来的盆栽土。她说："夏天的时候，我会在窗台上种一些泰国的草本植物和香料。"她打开一个装着一包包种子的密封塑胶袋，把它们放在沙发垫子上排开，芫荽、芥菜种子、甜罗勒、大豆、牵牛花、莳萝，她的家人从泰国寄来这些种子。

　　这些植物永远不可能在室外生根，但是它们能在室内茁壮成长。让它们在极昼的午夜阳光下光合作用上一整夜，苏万博黎波恩说："这样我就能一直吃上泰国菜啦。"

斯瓦尔巴群岛上很少有居民打算永远住在这里。赫尔迪斯·利恩（Herdis Lien）是斯瓦尔巴博物馆的馆长，这是一家只有一间屋子的博物馆，着眼于这座岛的历史。屋子里有一个阅读角，座位上覆盖着海豹皮，位置正对着窗外的山景。"人们来斯瓦尔巴工作，"利恩说，"他们大概会在这里待六年，然后离开，回到自己的故乡。"克里斯蒂亚娜·里特尔，那个20世纪30年代在斯瓦尔巴住了一年的奥地利女士，描述了一个熟悉的生活节奏被打乱的地方，那里的人们仿佛生活在被按下暂停键的动画中。

"这些清淡的夜晚很奇怪，

一种奇异的圣洁覆盖了它们。

海浪似乎拍打得越发温柔，

鸟儿飞得更加缓慢。

夜晚就如同白天的一个梦。"

第三章

雨　水

2010 年 10 月 13 日午夜刚过，在地下待了超过两个月后，31 岁的弗洛伦西奥·阿瓦洛斯（Florencio Ávalos）被装在一个钢铁救生舱里抬上来，终于接触到了智利北部干燥的空气。一个接一个地，当晚连同之后的一整天，被困在坍塌的圣何塞铜矿中的其余 32 名矿工也被拉到了地表。这些工人的妻子、爱侣、孩子和其他亲属，都与当时的智利总统塞瓦斯蒂安·皮涅拉（Sebastián Piñera）以及 1 000 多名记者一起，在临时搭建的营地等待迎接他们。在距离这个矿井最近的城市科皮亚波（Copiapo），人们在主广场上聚集，跟着智利国歌载歌载舞。汽车鸣笛，乘客开窗挥舞国旗。全球大约有十亿观众通过电视观看了这次救援行动。

圣何塞铜矿位于智利的阿塔卡马沙漠。智利是全世界最大的铜矿供应方；2010 年，铜矿占了智利政府收入的 20%，到 2012 年还占该国全年国内生产总值的 15%。智利的矿产沉积层累积了 100 多万年，这是一系列地质力量和气候条件的综合结果：火山活动和极端干燥。

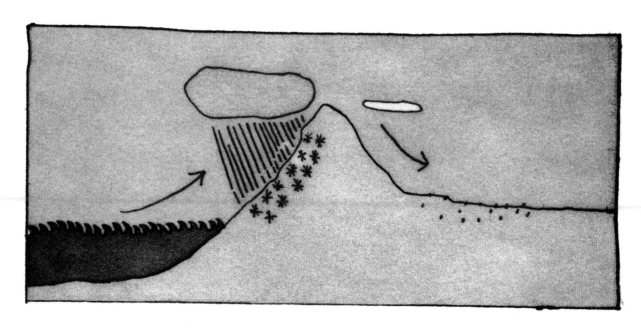

科学家把阿塔卡马沙漠的核心地带称为"绝对沙漠"。这是一块布满岩石和充斥着贫瘠的土地，呈现出一片荒凉的美景。在全天不断变幻的光线下，阿塔卡马的沙子呈现出金色、橙色和鲜红色。在黑影的笼罩下，这些风景变幻出蓝色、绿色和紫罗兰色。没有树木和其他植被的荒凉壮丽区域，像一片火星上的风景。事实上，美国国家航空航天局（简称 NASA）确实利用过阿塔卡马沙漠模拟这颗红色星球的环境，研究沙漠的极端气候，帮助科学家们研究火星上的生命和其他外星生物体。NASA 的科学家携手卡内基梅隆大学的研究者设计的"漫游者"号机器人，在阿塔卡马地表探索微生物和细菌留下的痕迹。

阿塔卡马沙漠位于两条山脉之间，一条向西的海岸山脉和一条向东的安第斯山脉。"雨影"（rain shadow）*效应阻隔了来自亚马孙盆地的潮湿空气，使其无法触及阿塔卡马的中心地带：温暖、潮湿的空气被困在安第斯山脉的东坡，在跨越山脉之前逐渐降温、凝结。来自西边的潮湿空气很大程度上也被阻隔在阿塔卡马沙漠之外，绝大部分不会在这里凝结；太平洋的秘鲁寒流制造了一层逆温层，那里的温度随高度的增加而升高。逆温层会限制水分跨越海岸山脉线进入沙漠。

---

* 雨影，在山区或山脉的背风面，雨量比向风面显著偏小的区域。

根据亚利桑那大学地球科学教授朱利奥·贝当古（Julio Betancourt）的说法："你正巧在一个最佳位置，这里冬雨下不到，夏雨也无法触及。"

干燥的感觉会悄悄潜入你的喉咙，把你嘴唇和皮肤中的水分吸干。

在厄尔尼诺现象和拉尼娜现象出现的年份，沙漠中的天气模式会发生转变。厄尔尼诺现象，又名厄尔尼诺南方涛动指数（ENSO）的暖位相，每隔几年就不定期地使赤道附近的太平洋海面温度变高；而在海洋和大气的交互过程中，一连串天气效应逐步在全球范围内涌现。厄尔尼诺南方涛动指数的冷位相，以拉尼娜的名字为人所知。它带来的是较冷的水流，并且会导致当地的天气变化。对阿塔卡马沙漠来说，这些变化意味着雨水的降临。

即使是极少量的雨水，

沙漠——特别是围绕阿塔卡马沙漠核心部分的边缘地带——

都能焕发生机。

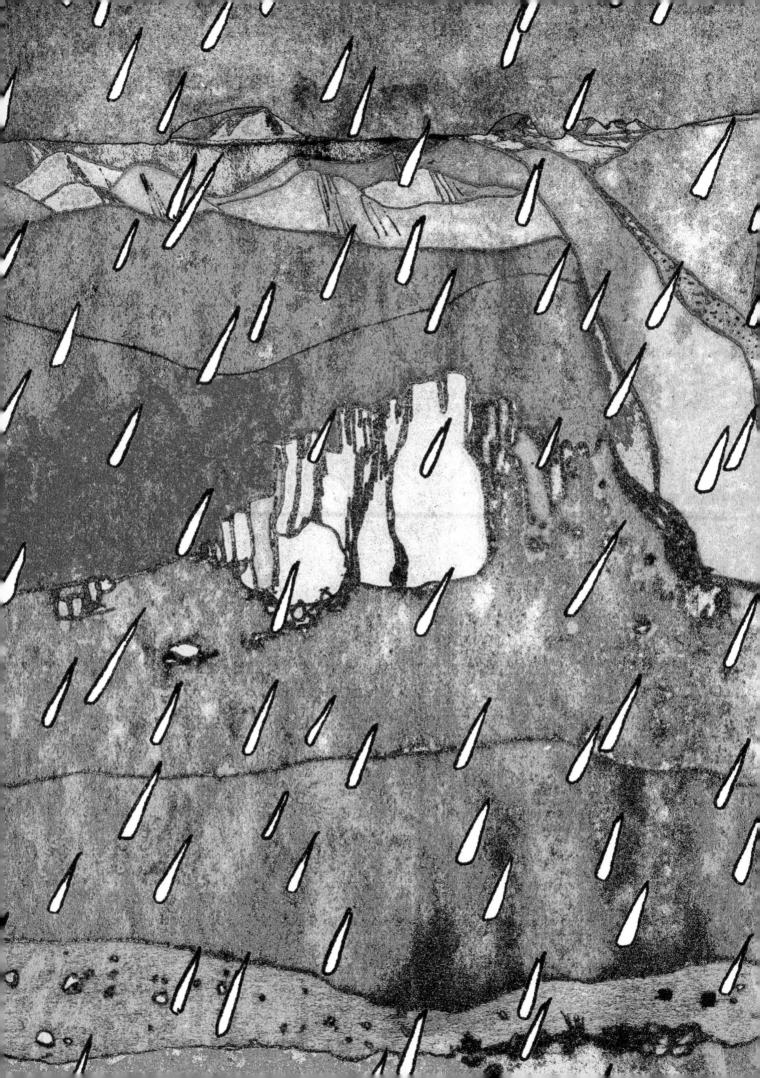

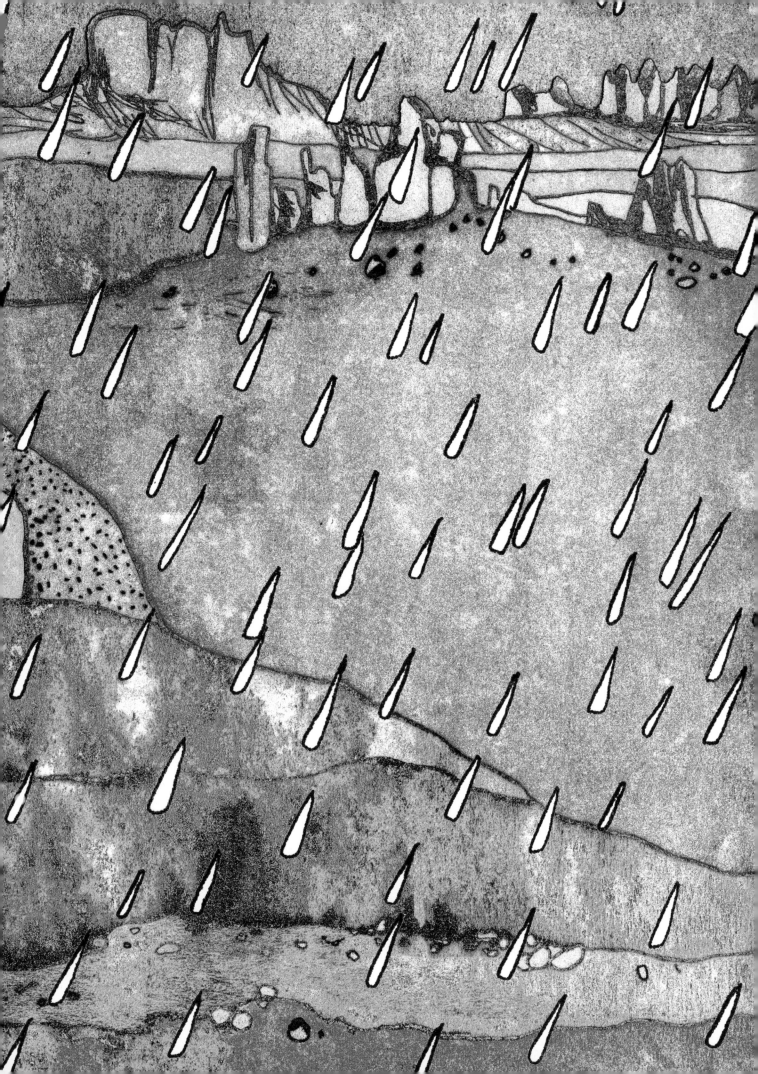

皮拉尔·塞雷塞达（Pilar Cereceda）是圣地亚哥天主大学阿塔卡马沙漠中心的地质学家兼主任，她表示："这种情况通常七八年会发生一次。降雨量达到三、四或五毫米，我们就会有一个开花的沙漠。你能看到山上的斜坡或是盆地里开满了各种颜色的花。这里有非常丰富的生物多样性，还有很多昆虫、鸟类和其他动物。"

沙漠安然地等候着这一刻。

皮拉尔·塞雷塞达："这些种子把自己留在土地表层——我们西班牙语里说 latente（潜伏）——蛰伏着。还有那些 bulbos（球茎）。这些球茎深深地扎根于土壤。它们接触不到氧气，周围非常干燥。没有湿度。没有水分。它们等雨水的降临能连续等上 30 年。"

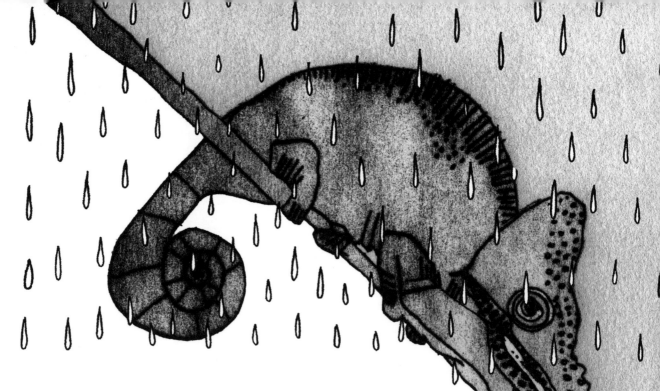

在大约 10 000 千米以外，在印度洋靠近非洲的海岸附近，坐落着马达加斯加岛。阿塔卡马沙漠有多干枯，马达加斯加岛的森林就有多茂盛。1.5 亿年前，马达加斯加岛从非洲大陆裂开，又在 8 800 万年前脱离如今的印度。马达加斯加岛上的物种单独演化；根据现今科学家的计算，岛上 90% 的动植物群在地球上的其他任何地方都不存在。

爬虫学者克里斯托弗·拉克斯华绥（Christopher Raxworthy）自 1985 年就在马达加斯加开展研究。他把自己的田野工作安排在雨季——11 月至次年 4 月之间——这同样也是一年中最热的时间。

克里斯托弗·拉克斯华绥："雨水和炎热同时出现时，就是寻找两栖动物和爬行动物的绝佳时机。这段时间是这些动物最活跃的时候。"

100 种狐猴在岛上游荡。黑白的领狐猴有下颏胡子，它长得像查尔斯·埃弗里特·科普（C. Everett Koop）。*毛如丝状的冕狐猴有一张外星人般的小巧脸庞，还有丝滑的毛皮。金竹驯狐猴（golden bamboo lemur）啃着嫩竹。热爱社交的环尾狐猴成群结队地搂抱着取暖，陪伴彼此。有些狐猴在树林间穿梭，另一些则在地上优雅地走动，前臂伸向天空，仿佛击剑比赛中增加声势的进攻动作。

有上千种兰花只在马达加斯加岛生长。这种情况在其他植物身上也有体现，包括 100 多种棕榈树。数不清的鸟、蝴蝶、甲虫、蜻蜓和鱼类都只能在马达加斯加岛上找到。

克里斯托弗·拉克斯华绥："雨季伊始，森林还很干燥。所有的叶片都脆而干透。四处走动的时候，可以听到细小的叶片在脚下碎裂发出的声响。如果你把木桩翻个身，它们的底下也很干燥。

"大多数动物躲了起来。它们很不活跃，可能藏在土壤里，要不就躲在树皮下或树洞里。而比如变色龙，它

---

* 美国外科医生（1916—2013），曾担任美国公共健康服务部（U.S. Public Health Service Commissioned Corps，简称 PHSCC）部长。

们在睡觉，但是睡在高高的树上。其实它们在夏眠，这是一种类似于冬眠的习惯。

"然后，雨来了。刚开始的雨水通常下得很温柔。接着会下得多一些。再多一些。森林开始变得湿软。它就像一块海绵，吸收了所有的水分。

"只要环境条件开始向极度湿润转变，就能观察到动物们急剧活跃的繁殖行为。一些蛙类马上会就近跳进这些临时出现的池塘，雄蛙开始鸣叫——多种多样的叫声——所有的雌蛙也都进入这个区域。短短几天时间，它们把一年的繁殖活动都进行完了。结果就是，到处都是蛙。

"有一种蛙，它们长着长长的腿，脚上有大块蹼帮

它们攀爬，在有些情况下甚至有助于它们滑行。这些蛙通常是绿色的，体表带有鲜亮的斑点。雄蛙拥有非常大的声囊，通过鼓起声囊发声。通常你看不到这些蛙，因为它们大部分时间待在树上，藏在叶片间。不过到了雨季，它们会下到溪流处繁殖。这时候你就能看到雄蛙在河边合唱，雌蛙也闻声赶来，在水里产卵繁育。"

有些时候，马达加斯加岛的潮湿天气能骤变成猛烈的龙卷风。

克里斯托弗·拉克斯华绥："你看到河流、水域上涨，还有临时出现的水塘；人会变得又潮又湿。席卷而过的龙卷风会带来更加密集的雨水。"

我们总是听到这样的表述：热空气上升。正是这种温暖、潮湿的空气流动（或者说上升气流），迅速促成了巨型的雷暴云。这些热空气上升到云顶端时，会因接触到那里冰点以下的温度而冷却，凝结成水滴和冰，之后又穿过云朵降落，与其他雨水汇合；被重力拉回地表的过程中，雨量越来越大。雨水和冰的降落拖曳出一种下沉气流；猛烈的气流把冰滴和雨滴投掷到一起，再将其打散。摩擦力产生静电，端流重新分配云中的带电粒子：稍轻的、带正电的冰晶和小水滴上升；重一些的、带负电的霰（又名"软雹"）则聚集在云底。云朵移动时所覆盖的大地表层变成正电极。当电场变得足够强大，这种电位差就会通过一道闪电来中和。

闪电可以通过一道树杈状的亮光来辨别，那是释放大气能量所导致的现象。它能以超过时速 22 万千米通行，可以达到大约 30 000℃ 的高温——几乎是太阳表面温度的五倍。有些人估计闪电可以达到更高的温度——大约 50 000℃。

噼啪爆裂声，霹雳声，轰隆作响声，轰鸣声。雷声是迅速扩张的热气冲击波。

在热带和亚热带地区，雷击的频率极高。在美国，佛罗里达州最易受到威胁，那里有一条所谓的"闪电巷"从奥兰多一直延伸到坦帕。世界上还有其他一些极易受到闪电袭击的国家，包括新加坡、马来西亚、巴基斯坦、尼泊尔、印度尼西亚、阿根廷、哥伦比亚、巴拉圭、巴西、卢旺达、赞比亚、尼日利亚和加蓬。2005 年，NASA 的闪电成像传感器记录了世界上最高密度的一次闪电袭击，发生在刚果民主共和国的小山村齐福卡（Kifuka）。

1998 年 10 月，在齐福卡西南方向 500 千米外的刚果民主共和国东开赛省的某个地方，一束闪电袭击了一个正在进行职业赛的足球场。一整队队员都遇害了；对手队却毫发无损。这场悲剧奇异的偏向引起了人们对这场闪电的质疑。一些人认为，这是一场超自然的蓄意破坏。

长久以来，人类都在闪电上投射了许多符号化的意义。雪、热量或雾气都会覆盖一片区域，对生活其中的人们产生的影响或多或少比较一致。闪电却不同，它似乎有明确的目标：孤身行走在空地上的人，或是在那场刚果足球赛中，从多数人中选出少数人。古希腊人坚信，众神之王宙斯是用雷电击倒了他的敌人。在古斯堪的纳维亚的宇宙观中，暴脾气的雷神索尔统治天界，乘坐山羊拉的战车轰隆隆地穿过天空，从羊蹄子中射出闪电。

根据 19 世纪史学家、康奈尔大学联合创始人安德鲁·迪克森·怀特（Andrew Dickson White）的说法："这种奇异的运作方式"鼓励人们更倾向于认定"雷电起源于恶魔"。13 世纪，西多会修士、海思特尔巴赫修道院（Heisterbach Abbey）的凯撒利乌斯详细叙述过一个从特里尔（Trèves）来的神父的故事。风暴肆虐时，这名神父跑去敲他所在教堂的钟——一种当时广泛流传的抗击闪电的技巧。但是他没有挡住闪电，反而被击中了。根据凯撒利乌斯的记述，这个人的"罪恶被闪电留在他身上的残迹揭露。闪电撕裂了他的衣服，也烧毁了他的部分身体，这表明，他因为虚荣和不贞而受到惩罚"。

1752 年，本杰明·富兰克林（Benjamin Franklin）发明了避雷针。这种简单的技术手段为人们提供了新的保护措施。不过，那段时间一些宗教领袖反对把避雷针装在他们教堂的尖塔上，他们抨击这种转移闪电来阻挠上帝意志的渎神行为。

闪电能从晴天而降，从16千米或更远的风暴处横向游荡而来。闪电能击打两次。根据物理学家玛丽·安·库珀（Mary Ann Cooper，同时是一位预防闪电伤害的专家）所说："如果促成原初闪电的条件仍然在这个地方产生效果，自然法则会鼓励产生更多的闪电袭击。"参加户外运动的男性更多，他们被闪电击中的概率大约是女性的四倍。其中，高尔夫球运动尤其危险。

史蒂夫·马什本（Steve Marshburn）和他的妻子乔伊斯是雷击与电击幸存者国际公司的创始人。

史蒂夫·马什本："1969 年，我被闪电击中。当年我 25 岁。那天天气很棒。我正在当时受雇的那家银行当出纳员，坐在工位上。一道闪电偏离了 20 千米以外的风暴，击中了柜台窗口的扬声器。

"1969 年的时候还没有直接存入银行这项业务。银行会兑现支票，所以我们总是有两三条长队在银行外面涌动。银行里的所有人都看到了。

"那道闪电直直地打到我的背上。我的脚踩在凳子的环形脚垫上，闪电流过一条腿。我手上有一个金属出纳章——正在给一张存款单盖章——闪电就是从这只手离开了我的身体。

"我以为我永远没法回家和妻子团聚了。我以为我再也见不到下个月就要出生的孩子。我能听到声音，但是我说不出话。我当时感觉左侧的脑子爆裂了，现在知道它其实是被烤焦了。我的脑袋处在极度痛苦之中。我的背感觉像是被弯刀劈开了。"

一个被闪电击中的人，身上也许没有任何明显的伤口。在其他一些例子中，被击中的人的皮肤上可能会显现出文身般的蛛网状图案，就是所谓的"利希滕贝格图形"（Lichtenberg figures），也被称为"闪电之花"：花丝般的伤痕，标示出闪电在人体内流经的路径。在发达国家，90% 被闪电击中的人都存活了下来，其余 10% 很可能会死亡，但并不是因为人们通常猜测的烧伤，而是因为心脏停搏。

玛丽·安·库珀："一个人身上可能沾有雨水或者带着汗液。水会发生什么变化呢？它会变成蒸汽。如果你有封闭的鞋子——比如说你穿上了运动袜和耐克球鞋——然后待在雨里，袜子都湿透了，或者你跑步流汗了，这些状态下，你身上都有蒸汽。那么你身上就会发生蒸汽爆炸（vapor explosion）。水变成蒸汽时膨胀了 500 倍，会在鞋子里爆炸，把鞋弹飞。你会看到袜子在鞋子内部熔化。

"如果你拿了一件内衣，把它对着光，再稍稍拉扯一下，就能看到光线透过内衣，还能看到很多绒毛。闪电击中它的时候，那些绒毛都烧光了，剩下的几乎是这些布料的骨架。有时候，你能看到一些余烬的痕迹。就好像你拿着一根国庆节的烟花棒，和衣服靠得太近。"

在马什本的雷击与电击幸存者国际公司的出版物里，幸存者们描述了他们被击中的瞬间。1990 年，休斯敦火箭队的前助理教练卡罗·道森（Carroll Dawson）正在打高尔夫球，他的高尔夫球杆被一道流光击中。"我就像一棵圣诞树一样亮了起来。"道森失去了视力。史蒂文·梅尔文（Steven Melvin）记得："就像牛排放到铁板上会发出很响的嗞嗞声。然后只见一道明亮的闪光。"1945 年在矿泉井城，当 W. J. 奇铲斯基（W. J. Cichanski）和他的同行军士被闪电击中时，他"什么都没看见，什么都没听见……什么都感觉不到了"。但一名目击者称，他看到他们头顶有"火的光晕"，而且他们的衣服都在一瞬间化为灰烬。奇铲斯基在医院待了四个月，仍然不确定他之后出现的毛病（听力丧失、关节炎、失眠）到底哪一个才是电击后遗症。另一名军士则直接死于这场意外。

电流和热休克以同样的方式通过每一具躯体：大脑、心脏，还有其他容易受损的器官。受害者可能经历痉挛、失聪、失明、胸痛、恶心、关痛、意识错乱或者失忆。有些病人还提到出现了急剧的体重减轻，手部刺痛，肌肉痉挛，无法感知温度，极度干渴，暂时的瘫痪，还有临床死亡的瞬间体验。

史蒂夫·马什本："问题通常要过一段时间才会浮现出来。"

南非比勒陀利亚大学的法医瑞安·布卢门撒尔（Ryan Blumenthal）把闪电造成的伤害与炸弹引爆的冲击波所导致的伤残进行了比较：两种伤害均会造成骨折，鼓膜破裂，衣物损毁，金属饰物或衣物纽扣会熔化到身体里。受害者可能还会被雷击打散成弹片似的残骸刺穿。

史蒂夫·马什本："我不知道自己是怎么逃过一劫的。人活着总要为了些什么吧。也许我活着的目的就是创立这个组织。我也不清楚。我在风暴中也不曾紧张，我还很享受观察闪电。我真的喜欢。我们的部分成员——看到闪电就会惊厥。有些人看到闪电就僵住了。而我们其中也还有很多人喜欢看闪电。对我来说它很美。我告诉你我是怎么想的吧：这是主无与伦比的造物。"

遭遇闪电袭击的可能性可以说极为罕见，大难不死的幸存者会伴随着一种奇妙的被选中的感觉。一些受害者会谈论自己变成名人后的经历，或是助兴表演似的描述自己活着的状态。1994年被闪电击中后，福特汽车公司的雇员格里·约瑟夫·肖（Garry Joseph Shaw）在底特律的大都会医院烧伤科待了24天。"他们每天都派心脏专家、精神病专家、神经学家和整形医生来看我。谢天谢地他们没有把我解剖了看个明白……我变成了动物园的一个展览物。"

在那次意外发生之前，劳丽·普罗克特-威廉姆斯（Laurie Procter-Williams）深陷毒瘾和其他麻烦。她坚信闪电改变了她的人生际遇。"我的好多朋友和家人觉得，这是进入我生命的另一场劫难……（但是）触摸了死神的脸颊后，我恢复了生气。"

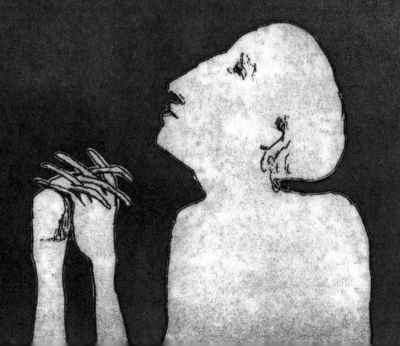

克里斯托弗·拉克斯华绥："接近雨季尾声的时候，你能看到这片森林开始变干的迹象。一些特定的物

种开始消失。枯叶变色龙、侏儒变色龙，每到这个时候再去找它们就已经太迟了。你已经错过，只能

等来年再看。它们已经再次退回地下。环境变得越来越干燥，越来越多的物种变得不活跃。

　　"雌蛙不再产卵。如果你回到这些池塘，只能看到一两只蛙在那里游荡。好像其他

所有蛙都凭空消失了。如果你在今年余下的日子里到森林里随便走走，无论白

天黑夜，你都很难观察到某些物种。它们消散到了森林的角落里，有些躲

在地里，有些藏在落叶层间。

　　"倒不是说这种情况下什么都不会发生，只是就只

有那么些事情会发生；栖居地面的蜥蜴、石龙子

或是其他一些常见物种倒是全年都很活跃。

这片森林渐渐沉睡，直到下一个雨季

到来。"

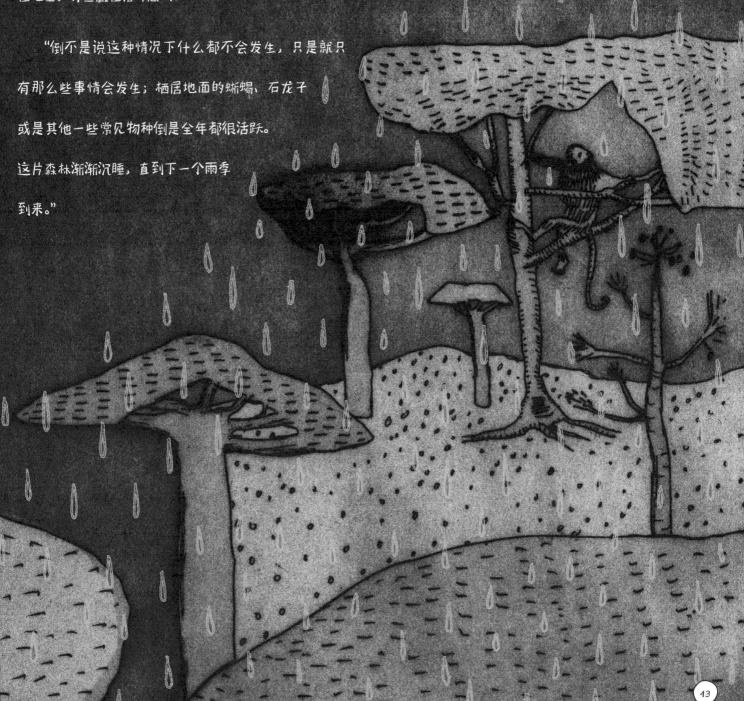

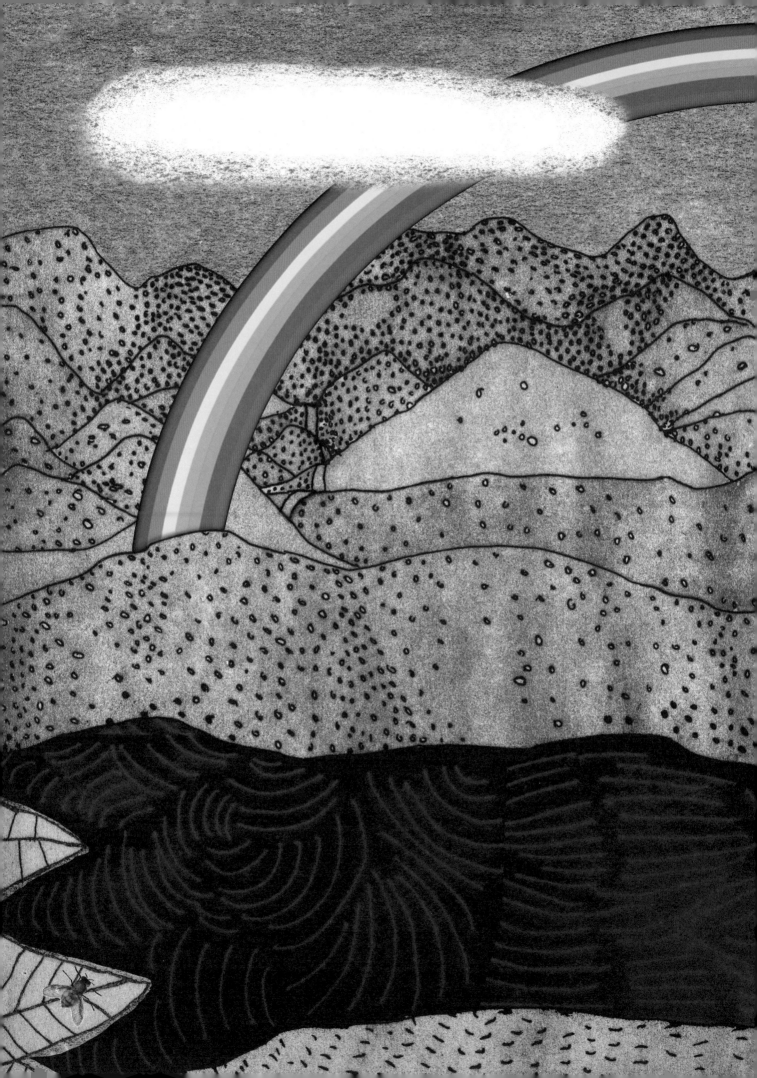

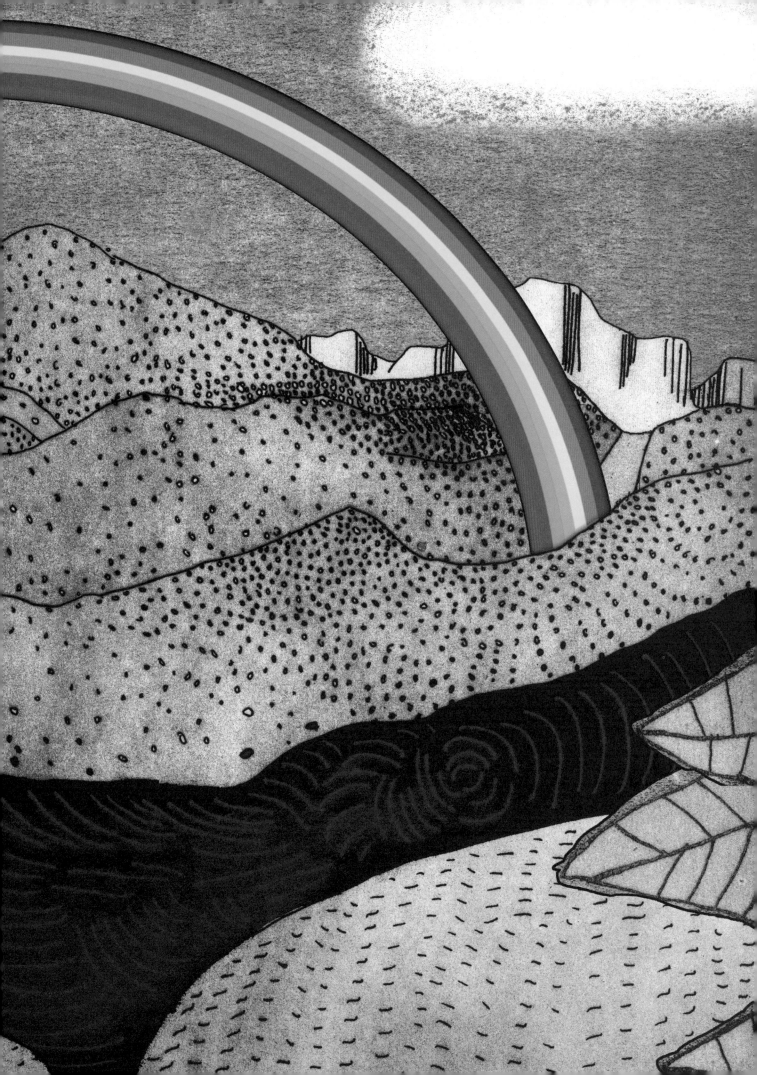

第四章

浓雾

21岁，结婚快两年的威尔士王妃戴安娜，陪伴她的丈夫查尔斯王子踏上了去往加拿大正式访问的旅途。在这趟旅途的第11天，查尔斯与戴安娜访问了纽芬兰岛，以标记该岛成为英属殖民地的第400年。戴安娜戴着一顶青绿色的羽毛帽，身着搭配好颜色的套装。整套衣服从宽大的肩垫往下，松松垮垮地垂在她身上。那是1983年。

王室夫妇观看了身着伊丽莎白时期服装的方块舞者和演员的表演。查尔斯王子发表了演讲。查尔斯和戴安娜继续旅行，前往纽芬兰岛的最东端：斯必尔角（Cape Spear），北美洲最东部的角落，这片大陆上的黎明每天都最先降临在那里。那里还有一座灯塔。电视新闻节目组在斯必尔角待命，准备捕捉王室夫妇的活动画面，不过并没拍到几张清晰的照片。

格里·坎特韦尔（Gerry Cantwell）是当时的灯塔管理员，他是他们家族接受这个职位的第六代。"查尔斯和戴安娜抵达时，大概是上午11点的样子吧，在那种浓雾中，你其实连放在自己面前的手都看不见。"

这也不是第一次有王子在斯必尔角的浓雾中迷路了。

格里·坎特韦尔: "1845年就发生过这样一件事。荷兰王子来这里进行'国事访问',他们是这么叫的。当然,来纽芬兰岛的唯一方式就是坐船。所有人都盛装出席,无所事事。没有王子的身影。可想而知,当时一场浓雾笼罩了斯必尔角——王子乘坐的船的船长怎么也找不到圣约翰湾,所以没办法驶入纽芬兰岛。结果就是,他们把港口的所有引航员都派出去寻找王子,因为他们知道他就在某处。

"我的曾曾曾祖父詹姆斯·坎特韦尔(James Cantwell)是一位技术娴熟的水手兼引航员。他有一艘大艇,还有一队划船的海员。这些港口引航员对于如何在浓雾中进出,以及找到那个进入圣约翰湾入口的岩洞太熟悉了。如果有船迷失航向,他们会划船出港,直到找到这艘船为止。而把迷航的船带入港的人,能够根据他带入的路线得到酬劳。他们当时就是这么赚钱的,你明白吧?

"詹姆斯·坎特韦尔就是这样做的。他出航了,也找到了王子的船。他上了那艘船,把控船舵,他就那么轻松地在浓雾像毯子一样笼着海岛的天气里把船开进了圣约翰湾。雾太大了,甚至连船首都看不见。

"穿过圣约翰湾,就又迎来了美丽且阳光明媚的一天。这种情况时常发生——水上寒冷且雾蒙蒙的,到了城里就变得温暖,艳阳高照。

"我们是英格兰的偏远居民点。这么说吧,如果有特别的访客来到这个岛上,他可以为岛上他认为值得的人实现一个愿望,你明白吗?

"所以王子就问詹姆斯·坎特韦尔喜欢什么,因为他惊呆了:这个人竟然能找到港湾的入口,毕竟连这艘船的船长也找不到这个地方。'如此英勇的壮举,你想要什么奖赏?'

"他们当时正在建斯必尔角的灯塔。詹姆斯·坎特韦尔说(他的原话是这样的),'如果斯必尔角的工作公开招聘,我想成为灯塔看守人,补给灯塔所需'。

"这句话被记录了下来。1846年,他得到了这份斯必尔角的工作。他的愿望实现了。"

雾是接近地面的云朵。空气中的水分凝结成细小的水滴（或冰晶），盘旋在地球表面。雾气能够在很多条件下形成。旧金山的平流雾是在温暖潮湿的空气吹过寒冷的海水时形成的。典型的辐射雾都在一夜之间形成：吸收了白天的阳光后，土地向上辐射热气。当地面温度下降，上方静止且潮湿的空气也同样开始降温，凝结成雾。美国加州中央谷地冬季的雾就是辐射雾。假使潮湿空气被向上吹，并在上升过程中达到露点温度，那么还能形成跨越山脉的雾气。这样的雾气被称为上坡雾，可以在落基山脉东坡之类的地方见到。

臭名昭著的黄色浓雾在伦敦肆虐的那段时间，英国国内的煤灶和煤场排出煤烟，与当时盛行的东风带来的湿润空气结合形成浓厚的雾霾，盘旋在城市上空好几天都不退散。《纽约时报》1889 年的一篇报道这样形容雾霾带来的影响："这种含有被人们称为'浓豌豆汤'的黄色厚重混合物的雾降落到伦敦后，白天变得比夜晚还黑暗；交通全部瘫痪，浓雾掩盖了所有地标，而且就像布朗宁夫人所说，它看上去'像一块擦除了伦敦的海绵'。这座城市变成了鬼城，每个人像巨大的幽灵一样四处移动。所有的声音都被隔成了鬼魂般的调子，像被捂住了发声似的……你能看到浓雾——除此之外什么都看不太到；你能感受到它潮湿闷腻的触感；你能闻到它污浊的味道，甚至浓厚得能让你尝到味道。无论怎么把自己包裹起来，都没办法把它隔绝在外。它会悄悄通过领子爬进你的脖子。"

黄色浓雾降临时，坏事就开始肆虐。"浓雾与小偷狼狈为奸，帮助他们从伦敦的大型商场偷走大批货物，"1959 年的《泰晤士报》如此报道，"借着昨晚能见度接近于零的条件，小偷们炸开了两个保险柜，偷走了估值 20 000 英镑的财物。"在模糊不清的视野下，有报道称卡车直接开进了泰晤士河。火车撞向人群，撞向小汽车，甚至别的火车。有一次还有一架飞机冲出跑道爆炸了。（"在撞机事件和火灾之间，救援队伍没办法找到残骸。"）在浓雾天气里，救护车必须有步行的导引才能出车。学校被迫关闭。至少有一支送葬队伍被打散失联。即使在室内，能见度也降到了只能看到自己的脚的地步。戏迷们看不到台上的演员。

1952 年 12 月初寒流来袭，一块高气压移动到了伦敦，暖空气把冷空气围在下方。为了抵抗寒冷，人们燃烧了更多煤炭，进一步污染了大气层。在近乎无风的条件下，雾霾不断变厚，逐渐在这座低洼城市稳定下来。上千人死去，大多数是被更加污浊的空气导致的呼吸疾病击倒的小孩和老人。

4 年后，英国议会通过了《清洁空气法案》（the Clean Air Act of 1956）。1968 年对该法案进行修订。黄色浓雾就此进入伦敦的历史和传说。时至今日，德黑兰、新德里、洛杉矶各自的气候条件、地形和污染状况结合在一起所形成的浓厚的肮脏空气，仍然把这一座座城市的景观覆盖其下。

城市雾霾极其污浊，纽芬兰的雾气却令人感觉清新纯净。它由两种海洋气流混合组成：拉布拉多寒流带来的冷空气冷却了墨西哥湾流带来的温暖潮湿空气，使它凝结成雾气小水滴。

格里·坎特韦尔："雾气虽然不像窗帘一样垂下来，但也差不多了。"

保罗·鲍尔林（Paul Bowering）

是加拿大海岸警卫队的警长。"我们被困在港口的时候，能看到一丝雾气从海面慢慢升起。

会看到它慢慢向陆地移动。就那样围困住一切。"

戴维·福勒船长（Captain David Fowler）是加拿大海岸警卫队特里·福克斯*号的指挥官。"温度骤降。我们马上转到一种叫'盲导'（blind pilot）的模式。"

---

* Terry Fox（1958 年 7 月 28 日—1981 年 6 月 28 日），加拿大运动员，希望马拉松的发起人。

戴维·福勒船长："浓雾中我们很紧张。所有的感官都变得更加警觉。你在等待，也在观察。"

保罗·鲍尔林：

"没过一会儿你就会有些坐立难安，

　　　　　　　　　　　　并且开始

怀疑

自我。"

怀疑

自我。"

戴维·福勒船长：

"去年夏天，海上有雾气，我们航行着寻找岸边的灯火，也在寻找冰山。我那时在想，'噢看哪！我看到那里有一束光。有人看到了吗?' 不。没有人看到。我以为我看到了，其实没有。当我读到雷达表盘读数时，我想明白了，哦，我们已经行驶了5千米，能见度不到1千米。我绝对不可能看到那束光。我无法想象那些水手在没有雷达的条件下是怎样航行的。他们只是凭感觉。

"他们也许好几天都看不到任何东西。

他们听到的是破浪碎波的声音。

他们听到的是人们叫喊的声音，或是

岸上马匹的嘶鸣声。"

格里·坎特韦尔："即使是了解当地并在本地住了一辈子的人——雾就那样浮现在大地上方，你其实根本无法辨识出任何标志物。突然间，你说，我必须往那个方向走！但是你总是在往错误的方向走，或者不停地绕圈子。而一旦绕了一次圈子，你就迷路了，明白吗？彻底迷路了。这就是浓雾能办到的事，它让你失去方向感，它让你迷惑。"

当 1850 年"北极"号轮船（Arctic）第一次启航时，《纽约时报》刊登了一篇文章："如今，人们似乎无法对任何新的海上奇迹产生狂慕之情……'北极'号是一座'浮行的宫殿'，不过大家都已经知道这点。现在，刻薄至极的人在海上航行时一定要被呵护在宫殿中，否则他们会连声抱怨。"不过，《纽约时报》也指出，"北极"号具备最先进的引擎技术，还有一套精细的加固用的支架和铆钉系统。美国航运巨头爱德华·奈特·科林斯（Edward Knight Collins）造出了"有史以来最坚固的船"，"北极"号是它们中间的佼佼者。它同样被认为是"现存最快的蒸汽船"。比"泰坦尼克"号早 60 年建成，"北极"号的奢侈配置令人印象深刻：全船蒸汽取暖，有一间优雅的餐厅，还有专门的女士沙龙间和男士吸烟室，均由大理石、镜面和金叶子装饰。"北极"号上没有设统舱（steerage class，能容纳许多乘客的大舱）。

1854 年 9 月 20 日，"北极"号离开利物浦，驶向纽约。原本计划在短短九天内完成这次航行。一个星期后的周三，也就是 9 月 27 日，"北极"号正从纽芬兰驶出大浅滩，斯必尔角在北方，开普雷斯在西南方 100 千米左右的地方，这时，浓雾覆住了船体。此刻正值午时，一会儿就会响起提醒午餐时间的锣声。彼得·麦凯布（Peter McCabe）是一名来自都柏林的 24 岁服务生，正在准备午饭："我当时正从第二个舱房出来，拿着午饭要用的杯子……冲撞就发生在我上台阶的时候。"

弗朗西斯·多里安（Francis Dorian）是"北极"号的三号副手："最开始我听到一声喊叫，'右满舵'。我立刻明白出事了。"

"北极"号和另一艘法国的"维斯塔"号（Vesta）的铁制螺旋桨相撞。在浓雾中航行时，两艘船都无法发现彼此，直到一切行动都变成徒劳。

弗朗西斯·多里安："我来到甲板上，看到两艘船大概隔了 6 米。我站在那里看着'北极'号，全心期待'北极'号能听从掌舵者的命令。那艘船并排撞上了'北极'号的船首锚架。"

詹姆斯·史密斯（James Smith）是头等舱的乘客："我从我的头等舱里走了出来。"

彼得·麦凯布："遭到撞击的船侧被撕裂开，海水肆无忌惮地灌进船身，引擎的底座板都被淹没了。"

詹姆斯·史密斯："我看到鲁斯船长（Captain Luce）在明轮壳上，朝各个方向指挥；大多数长官和男人在甲板上跑来跑去，陷入一种很明显的警戒状态，但似乎没有人了解该做些什么，或者如何把精力投入到某一个特定的任务中。"

弗朗西斯·多里安："一场彻底的疯狂似乎控制了船上的所有人。"

船上一共配置了 6 艘救生艇，但只够"北极"号大概一半的人逃生。第一艘救生艇满载船员，下到海上调查事故情况。这艘船很快消失在了浓雾中。

詹姆斯·史密斯："女士和孩子开始在甲板上聚集，他们的脸上都带着焦虑和询问的神情，却得不到任何希望和安慰。夫妻、父女、兄妹都在彼此的怀抱中哭泣，或是一起跪下来，祈求全能的上帝给予帮助。

"我……看到四个人从螺旋桨上掉下来，摔到了'北极'号的明轮下面。我们没办法救他们，他们也再无音讯。"

船上的工程师和大多数船员搭载 5 艘剩余救生艇中的 4 艘溜走之后，人们开始争抢着登上剩下的一艘。其他人眼见这种徒劳的挣扎，便开始从船上扯下门和木板，做成临时应急的救生艇。一些男乘客抓住最后的机会灌下烈酒，冲向女乘客。一些跳上了船，一些掉进了海里。

詹姆斯·史密斯："船渐渐消失，最开始是船尾……我听到咕噜咕噜和水流极速涌动的声音，水从一头灌到另一头，直到灌满所有客舱，我想，在冲撞发生后的 30 秒到 1 分钟左右，整艘船就彻底消失了，还有一大群人在甲板上，没有成功逃生。"

乔治·H. 伯恩斯（George H. Burns）是亚当斯特快船运货运公司（Adams Express freight and cargo transport company）的专差。"我听到一阵狂乱的呼喊，感觉这声音还在耳边回响的时候，就看到'北极'号和那群挣扎的人被海水迅速吞没。"

詹姆斯·卡内根（James Carnegan）是"北极"号上一个锅

炉工人的兄弟："船撞沉十分钟后，救生艇从这艘遭遇厄运的

大船沉没的地方被拉了上来；可是什么都没有，除了几

具穿着救生衣的女性尸体。"

托马斯·斯廷森（Thomas Stinson），船

员乘务长："女乘务长的尸体最容易认，

因为她穿了裙子。"

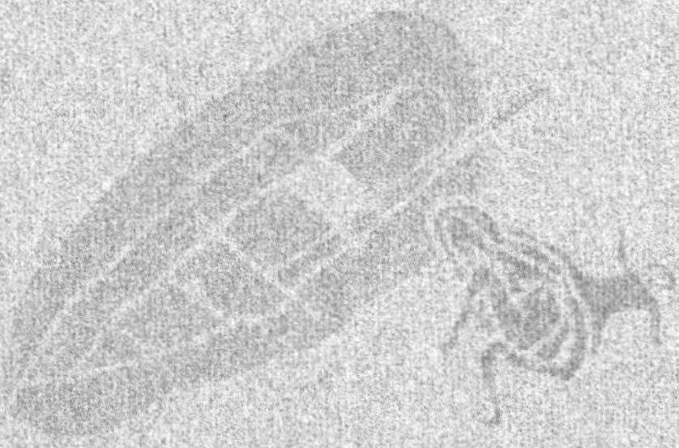

登上"北极"号的408人中，

只有86人生还。

最近的一个 7 月天，斯必尔角被浓雾笼罩。每隔 56 秒，雾角会发出悠长而低沉的声音，鸣角声会在空气中盘旋一会儿。如果不是之前就知道这个地方，你肯定不知道锯齿状的悬崖在大西洋的哪一处向下倾斜，或是你来的那条路通向何方。哪里都没有绝好的视野或可看的景致——只有一片毫无区别的湿软白色。雾气的厚度会暂时消退，显现出物件模糊的形状，然后又将其封闭雾中。当斯必尔角的建筑物最终可见的时候，这个 19 世纪的老灯塔和 20 世纪 50 年代的

雾角

新灯塔，还是被最淡的鬼影抹去了。只有正对脚下的地面能看得清楚。在那里，长而绿的草倾伏到这边那边，而在沾着露水的野花茎上——四叶草、鸢尾花、毛茛，还有即将凋谢的蒲公英种子——沫蝉就在这些花茎上的泡沫中筑巢。

斯必尔角天气晴朗时，你可以望向海洋，向北看，朝着最近的陆地——格陵兰岛的法韦尔角——伸长脖子。你可以观看鲸喷水，看它们浮上水面，又以平滑、慢悠悠的弧线扎回水中。在西北角，你可以看到圣约翰湾安卧在两座斜山组成的 V 形背后。北美洲最东边的一角曾经有一个标识，但它被吹走了，到现在还没有替换上新的。

阿尔冈空心灯芯灯

导航的辅助物品——浮标、雾角、灯塔——很长时间内都发挥着警示危险的作用，帮助水手确定他们的位置，指引他们回到安全的航道。

斯必尔角的第一盏灯迁移自别地。1836 年，它从因奇基斯（一座位于苏格兰福斯湾的小岛，曾作为瘟疫和梅毒病人的隔离所）的灯塔来到斯必尔角。它有七个燃烧器：棉质的灯芯漂浮在抹香鲸油或海豹油中。铜边抛物线状的底盘闪闪发亮，衬得火焰如同光晕一般，把光反射聚焦成一束光线，再射向外部空间。燃烧器固定在一个圆形的金属装置上，它们旋转产生斯必尔角的标志性图样：17 秒的光线，跟随着 43 秒的黑暗。水手可以通过数灯光闪动的次数，对黑暗的持续时间计时，来确定这座灯塔，再估计他们所在的位置。

格里·坎特韦尔："这是纽芬兰地区最老的灯塔。我指的是，现在它是一座实实在在的灯塔了，那束光从一座有人住的房子里射出来，他们在那里出生，也在那里死去。这就是为什么人们把它称为灯塔。它有自己的生命。它有心脏，灯光就是它的心，跳动的心，你明白吗？"

1930 年，斯必尔角通了电。1955 年，灯从原来灯塔管理员和家人居住的房子移到了附近的一座塔里，自动机械装置不再需要住家的专职人员长期照看。

现在，灯塔里的灯是翠绿色的棱镜制成的，带有三个牛眼灯。它的形状像一个巨型的橄榄球，安置在灯塔顶部的灯房里。它射出的光线在 30 多公里范围内都可见。如今灯塔发出的信号标志是三个持续 15 秒的灯光轮转：1，2，3，闪。1，2，3， 闪。1，2，3，4，5，6，7，8，9，闪。

原来的灯塔也被保存了下来，现在成了一家博物馆，还恢复到了 1839 年的样子。主卧里有白色的床罩和带有蓝色图案的墙纸。靠墙的桌子上放着一个卷胡子用的夹子。

格里·坎特韦尔："你看，雾角正在经历一场漫长的死亡。"

戴维·福勒船长："雾角和灯塔不再是现代水手必须依赖的技术手段。小一点的船只——渔民和搭乘游艇的人——他们之中有些人喜欢以灯塔和雾角发出的信号为参照。他们观察灯光，然后根据灯光寻路回家。但是对职业海员来说，它们只是多余的技术。"

不过……

保罗·鲍尔林：

"绝大多数海员，即使他们配备了雷达，也还是喜欢向外看时能获得慰藉——当他们有这个条件向外看的时候——比如看着水里的浮标，或是听到雾角的声音。"

格里·坎特韦尔：

"有一次一位船长告诉我，'电子科技太棒了。雷达啦，GPS，卫星导航啦——简直难以置信。但是，'他接着跟我说，'卫星会坏，GPS会坏，雷达会坏。灯塔却不会消失。它是你可以依靠的东西。'"

戴维·福勒船长："有时候你能一下子驶出迷雾。天气一开始很模糊，然后'砰'的一下，就变得清楚得要命。你朝后看能看到一堵雾墙。不过我们现在的行驶状况很好，也在朝着正确的方向行驶。如果你开得太慢，倒是可以加个速。这时候你就能走到咖啡机那儿做一杯咖啡，然后坐在椅子上，看向窗外，享受生活。"

格里·坎特韦尔："水是闪着波光的蓝色。一种震颤人的蓝色调。如果今天是个晴天，你会发现这水到底有多蓝、多清澈。光是吸进海上的空气就能让你迷醉，因为它是那么清爽清新。"

保罗·鲍尔林："当你能转向四方看到正在发生的一切的时候，真会大大松一口气。不过，这只持续到你再度被雾气包围之前。"

第五章

风

"在 佛罗里达礁岛群

和

非洲

之间，

什么

都

没有。"

"只有

一片

无垠

的

海。"

2010 年 9 月，60 岁的耐力泳选手黛安娜·纳艾德（Diana Nyad）打算从古巴游到佛罗里达。她的计划是不睡觉，整整游满三天三夜。她得忍受恶心、哮喘、水母叮咬、鲨鱼等各种危险。（"我完全不怕痛。"纳艾德在 1978 年的自传中写道。）纳艾德通过举重、骑自行车、跑步和在海里游 10 小时、15 小时或 24 小时来训练自己。她已经获得了所需的签证，又组织了一支由专业顾问组成的支援小队。然后她开始等待合适的天气。

黛安娜·纳艾德："我们实在是为东风伤透了脑筋，它们就是不肯停。要完成从古巴出发的这次长距离游泳，要么完全无风——这种条件当然最好——要么有南风，再不济就是西风。但是东风不行，东风会害人。我们已经等了 90 天，这期间一直在刮不猛烈的但是特别稳定的东风。我们这儿有一个姑娘，是惠特布雷德环球帆船赛（Whitbread Round the World Race）*的选手，在全世界的航海比赛中都颇有建树，她带着我的总训练师和我到基韦斯特在大西洋这边的海岸，然后她说：'伸出你们的舌头。'我们三个就站在那里，在微风中伸着舌头。然后问：'你们感觉到了什么？'我们绝对感觉到嘴巴里有一些颗粒状的、脆脆的东西。我们就回答：'哇，是盐。'她回答道：'不，这是撒哈拉的沙子。'是来自撒哈拉大沙漠的真正的沙粒。"

通常在六七月的夏季，撒哈拉的沙子可以一路从非洲吹过大西洋来到佛罗里达州，带来雾蒙蒙的白天和艳红色的夕阳。

风就是地球表面空气的横向运动。在全球范围内，太阳强烈照射带来的热和地球自转共同作用，形成了我们知道的信风、盛行西风和极地东风。这些带状气流缓和了当地的气候，也有助于推进喷气式飞机。

太阳光线在赤道地区的辐射比在两极更加直接，导致大气受热不均。温度差异导致气团膨胀和压缩、推进和搅动。较温暖的空气上升，向两极运动。较寒冷的空气则填入下方运动。同时，地球的自转裹挟着气流，在地球周围形成多个无形的风带。当然，与此同时，也有更小尺度的风——劲风和大风、飓风和台风——空气气流受到季节性温度变化和地形的影响：比如山脉和山谷，建筑物和森林的出现，水域和陆地区域不同的吸热和散热方式。

---

* 自 2001 年起，此赛事更名为沃尔沃环球帆船赛（Volvo Ocean Race）。——译者注

风还可以塑造一个地方的人文个性。"西洛可风（Scirocco）这股热风从东南吹来，可以持续三到四天，"彼得·阿克罗伊德（Peter Ackroyd）这样写道，"……它成了威尼斯人沉醉于感官享乐和行事懒惰的借口，也被指责在本地居民心中播下了消极和阴柔气质的种子。"

雷蒙德·钱德勒（Raymond Chandler）在一篇短篇小说中这样形容加州扇动野火的风："那干热的圣安娜风（Santa Anas）翻山越岭而来，卷起你的头发，让你神经紧张，皮肤发痒。风来的夜晚，每一个饮酒作乐的聚会都以打斗告终。平日里胆怯的小妻子们会摸着砍刀的边缘，打量她们丈夫的脖子。"

焚风症（Föhnkrakheit）是一种与焚风（Föhn，这是一种干燥的下降气流，在欧洲中部臭名昭著）相关的疾病。焚风据说会导致头疼、失眠、全身乏力，甚至增加自杀和谋杀的概率。瑞士的法官在审判焚风到来之际犯下罪行的犯人时，会根据风而酌情减少刑期。在赫尔曼·黑塞（Herman Hesse）1904年的小说《乡愁》（Peter Camenzind）中，他借瑞士主人公的口吻写道："人们日日夜夜听到焚风呼号，远处雪崩的声音，还有急流携卷巨砾和断裂的树木的怒吼，将它们从我们细窄的土地和果园中连根拔起。焚风热症使我夜不成眠，夜复一夜，专心而又恐惧地，我听着风暴的呻吟，雪崩的雷鸣声，湖水狂怒地冲刷岸边的声音。在这种春日发烧般的战斗中，我曾经为我旧时爱的相思折腰，这感觉如此鲁莽，使我不得不在半夜起身，伸出窗外，朝着风暴大声吐露我对伊丽莎白的情话……对我来说，这位美丽女子似乎就站在我的身边，朝我微笑，而在我看向她的时候又一步步退缩……像一个得病的人，我没办法控制自己不去挠发痒的肿块。我为自己感到羞耻，但这种感觉既痛苦又无用。我恨焚风。"

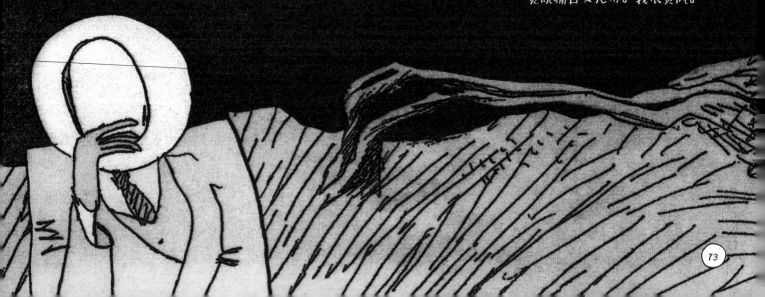

两条全球信风带——东北信风和东南信风——在靠近赤道的反常天气中相遇。这种会发生季节性转变的地区被称为"热带辐合带"（intertropical convergence zone，简称 ITCZ），对那些可能陷入那里致命的静止空气的水手来说，这又名赤道无风带。

　　当 ITCZ 的潮热空气上升，它未必会横向运动；这会导致雷雨或乌云笼罩的天气，但是很少有风。"赤道无风带"这个词也被用来描述 ITCZ 以外的无风区。这种情形让水手很苦恼，但是对开放水域的游泳运动员来说非常有益。

　　黛安娜·纳艾德:"那正是我们期盼的——赤道无风带。没有一丝风。对一个渔夫或

是水手来说,一丝微风也许只能带来 15 节的航速(即时速为 27.78 千米),听起来微不足道。

但是想象一下,对游泳的人来说:你的脸在水面上,每分钟都要转头换气 60 次。你的嘴

唇恰好保持在水面上,所以波浪即使只有 15 厘米高,打在脖子上也会疼。

　　"现在假设波浪有 60 厘米高，这对坐船兜风的人来说是非常非常低的浪头。但是 60 厘米比我胳膊伸直的长度还要高得多。所以遇到那样的浪头，我一下子就得压水、推水，把头抬得很高。而在赤道无风带，水面就像玻璃一样。你的手在水里，只是沿着水面弹跃出去，顺流游动就好。那里的水下仿佛有一股力量在使劲地把水面往下拉，使它保持平稳，控制浪花的高度。"

黛安娜的继父亚里士多德·纳艾德（Aristotle Nyad）是一个英俊而又反复无常的希腊人，通过"赌博，扯谎，还有盗窃"谋生；在她的孩提时代，他会读《奥德赛》给她听，还会带她去深海海域钓鱼。2005年，黛安娜在《新闻周刊》（Newsweek）里谈到了他。

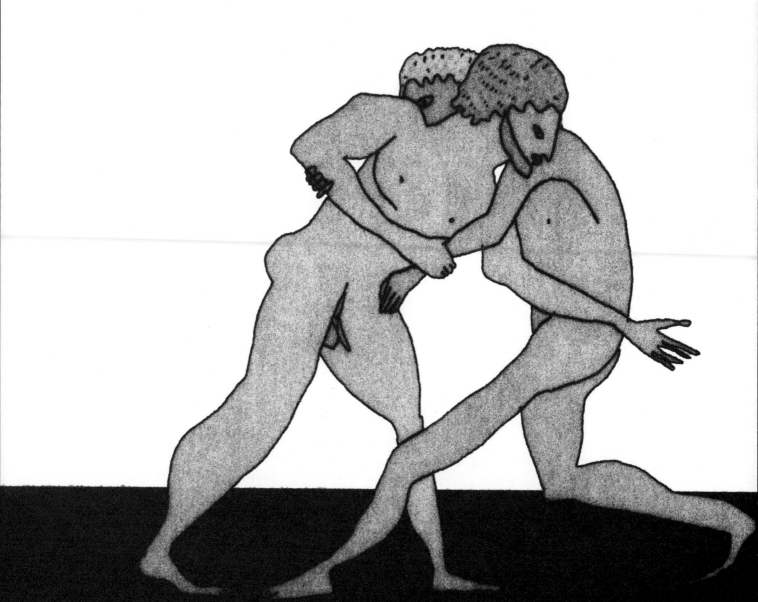

"我五六岁的时候，有一天晚上，亚里士把我叫过去。他翻开我们家那本巨大的足本词典，大拇指抚摸着书页，直到翻到 N，指向 naiad 这个词。那就是我的姓（亚里士的家族在几代人之前把它改成了 Nyad）……naiad 这个词的第一个含义：'在希腊神话里，这个词指的是为天神保护湖水、源泉、溪流和大海，并畅游其中的山林水泽仙女。'第二个含义：'游泳女冠军。'亚里士朝我眨眨眼，我俩都明白这是我的宿命。"

在《奥德赛》中，奥德修斯（Odysseus）在海上历经多年的困难艰险之后，风的守护者埃俄罗斯（Aeolus）送给他一个牛皮袋，里面灌着"从四面呼号而至的风"，还为他送上了一阵有利于他的西风。埃俄罗斯的礼物几乎把奥德修斯和他的船员送回了家，海岸近在咫尺。"我们如此接近家乡，"奥德修斯说，"都能看到（岸上的）人在生火了。"

精疲力竭的奥德修斯如释重负，他睡着了。躁动的水手在他身边徘徊，窥视着那个皮袋子，猜测里面一定藏着金银财宝。他们想，这笔财富马上就要被船长不公地独吞了。于是，趁奥德修斯酣睡之时，船员们乱翻这个皮袋子。"这是致命的一步……所有的风都冲了出来。"

大气层被搅成了一股剧烈的风暴，把船员推回大海，推回到埃俄罗斯的岛上。奥德修斯恳求埃俄罗斯再送一阵好风，但埃俄罗斯是严酷的。"离开我的岛——你这个最不祥的人！……你竟然像这样爬着回来——这是神憎恨你的证明！走吧——离开！"这场大错让奥德修斯付出了沉重的代价，他的旅程增加了将近十年。

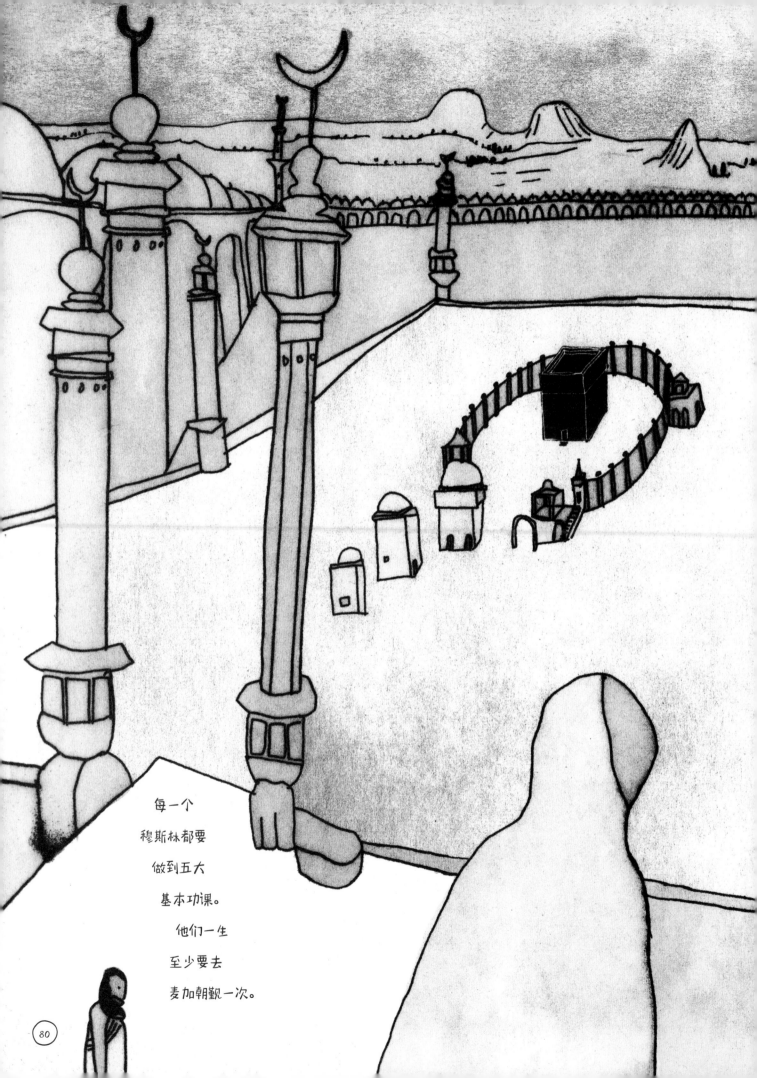

每一个
穆斯林都要
做到五大
基本功课。
他们一生
至少要去
麦加朝觐一次。

穆斯林

从7世纪就开始进行这样的朝觐之旅，他们追溯先知穆罕默德走过的地方。过去，到达麦加的旅途很艰苦，需要花费数月，甚至数年时间，更有人再也回不了家。今天，每年前往麦加朝觐的300多万人中，大多数选择搭乘飞机到吉达，那里有沙特阿拉伯阿卜杜勒-阿齐兹国王机场专门搭建的哈吉航站楼，从那里出发开车大约1小时就能到达麦加的大清真寺。大清真寺的室内室外加起来大约占地356 000平方千米，所有建筑都围绕着一个核心庭院。那个露天广场的中间矗立着克尔白（Kaaba），是伊斯兰教中最神圣的殿堂。从世界各地赶来的穆斯林朝向克尔白祷告。克尔白是一个方形建筑，含有人们熟识的黑色圣石碎片。据说这圣迹从天降落，嵌在克尔白的东边角。在哈吉一种名为"绕行"（Tawaf）的核心仪式中，朝觐者逆时针绕行克尔白7次，每次都要为黑色圣石献上象征性的一吻。

大批人涌入这个沙特阿拉伯阳光下的小小一角之后，大清真寺的庭院中就形成了独有的小气候：热且黏滞的空气。朝拜人数逐年递增，以后还会持续增加。为了容纳更大的人群，沙特政府在大清真寺开展了一系列备受争议的扩张和维修计划。安东·戴维斯（Anton Davies）是在罗万·威廉斯·戴维斯及埃尔文公司（Rowan Williams Davies and Irwin，简称RWDI，一家加拿大的工程及咨询公司）工作的工程师。RWDI受雇研究大清真寺的风动力学：研究如何给麦加带来清风。

安东·戴维斯：

"通风设备不够多。人太多了，周围建筑也那么多，可是这块区域很少有空气流动。我们现在讨论的就是风的缺失。

"哈吉根据农历选择时间。现在我们已

经进入一年中较热的时候，接近那些 43℃到 48℃的日子。每天的日照时

间都特别长。人们会热晕过去。300 多万人都挤在一个这么小的地方，汗流浃背。有时湿度会达到

100%。在这种条件下，水分不再从你的皮肤上挥发，而是变成汗液黏在那里。发生这种状况时，你就要受煎熬了。

我们现在正在试图生成风，而且这会是一股凉爽的微风。问题在于，怎样才能调节室外的空气呢？"

RWDI 观察到，克尔白北面的建筑物也许可以帮这个空间降温。这些建筑物大约有 5 层楼那么高，

能容纳 375 000 人。外墙以外的空间有数十把巨型阳伞可以供人们乘凉。

安东·戴维斯："最终我们决定给这些建筑物配置超大功率空调，让部分冷气流到庭院里来。你也许有过这样的体验：路过购物中心，会感觉有冷气从门口漏出来。现在我们设想造 20 万吨冷气的制冷系统。空调制冷产生的气流——冷气——比户外的热空气沉得多，所以冷空气会从建筑物里流出来。这对推动空气流动来说已经足够。这种从室内到室外的空气流动能制造一股清风，使空气流通，并使湿度保持在较低程度。

"建筑物里的冷空气会在伞下移动。这些伞扮演了天花板的角色，减少冷空气与周遭空气的混合。这就意味着冷空气会保持较低温度，在较长时间内都贴近朝觐者。他们会感受到一股温柔的清风。"

黛安娜 · 纳艾德：

"我要做些什么呢，如果风来了就生气？我要放弃吗？这没有任何好处。我试着边游边思考，是呀，现在一切看上去都非常完美。我感觉很好，天气像熨烫板一样平静，万事顺利，但我并不奢望这种情况会持续两天半的时间。事情不会这么顺利。你不会一直状态很好，因为会经历波涛、高峰和低谷。处在低谷时，你也只能咬牙忍受。当大浪袭来，天气和风都不友好的时候，无论是在训练中还是在正式竞赛途中，我都会告诉自己，这无关水面上发生的事情。波浪在周围拍打，哈到咸味海水，或是我的胳膊和肩膀需要快速击打而不是顺利地沿水面滑动——这都不是我能控制的。

"但我能控制水下的动作：收拢

我的胳膊，使胳膊肘摆放在合适的角

度，双手时刻准备以最有效率的方式向后推水，顺势让自己向前弹射。

"我听见自己的呼吸声。听起来就像（从喉咙里发出的有韵律的）呼—呼，呼—呼。我在刚浮

出水面时呼吸，这样就增强了这种声音，因为水正好传输了声波。我的手轮换过来：右手 6 秒，左手

6 秒。所以，我听到的不仅是呼吸声，还有手伸进水中发出的咕咕声。还有脚在后面微微踢水的

叭—叭—叭—

叭—叭—

叭声。

"这个过程带给我一种有节奏感的感官享受。

听起来很像是

婴儿在羊水里发出的

呼吸声。"

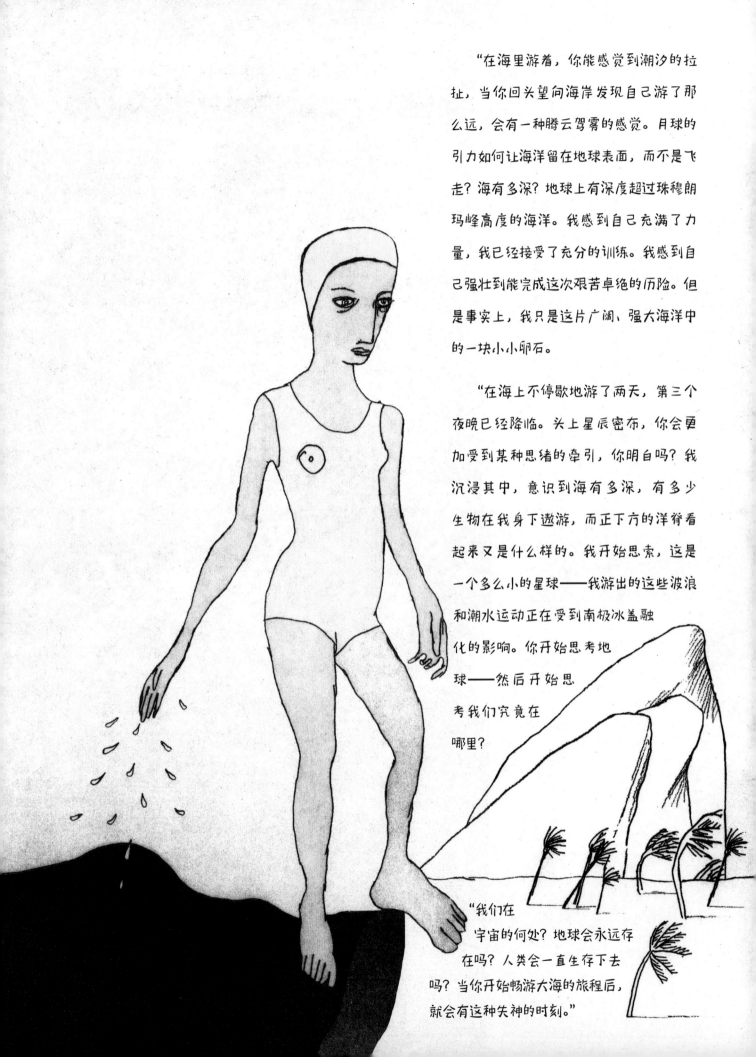

"在海里游着，你能感觉到潮汐的拉扯，当你回头望向海岸发现自己游了那么远，会有一种腾云驾雾的感觉。月球的引力如何让海洋留在地球表面，而不是飞走？海有多深？地球上有深度超过珠穆朗玛峰高度的海洋。我感到自己充满了力量，我已经接受了充分的训练。我感到自己强壮到能完成这次艰苦卓绝的历险。但是事实上，我只是这片广阔、强大海洋中的一块小小卵石。

"在海上不停歇地游了两天，第三个夜晚已经降临。头上星辰密布，你会更加受到某种思绪的牵引，你明白吗？我沉浸其中，意识到海有多深，有多少生物在我身下遨游，而正下方的洋脊看起来又是什么样的。我开始思索，这是一个多么小的星球——我游出的这些波浪和潮水运动正在受到南极冰盖融化的影响。你开始思考地球——然后开始思考我们究竟在哪里？

"我们在宇宙的何处？地球会永远存在吗？人类会一直生存下去吗？当你开始畅游大海的旅程后，就会有这种失神的时刻。"

第六章

热

火是全球生态系统中的一个自然组成部分。火可以清除森林中的灌木丛，为新生命开路；也可以滋养土壤，促进种子萌芽。人类长久以来依靠控制火来取暖、照明、烹饪、放牧和驱赶捕食者。但火也可以造成破坏和带来毁灭。

科学家认为，越来越长的干旱期和新的极端气温纪录，在这些气候变化之下，具有毁灭性的野火发生得更加频繁。

"我们正在目睹更多火情，更加极端的林火气候，全世界更多极端的火灾，"塔斯马尼亚大学的环境变迁生物学（environmental change biology）教授、《地球之火》（*Fire on Earth*）的作者之一戴维·鲍曼（David Bowman）如此说道，"火灾已经开始变得像皮疹一样在这个星球蔓延。"

戴维·鲍曼："我们观察到不同寻常的火情。比如彻夜燃烧的火，那是烧不尽的。有些野火可以不停地燃烧几个星期，甚至好几个月。消防员说，他们正在目睹一些从未经历过的事情发生。

"野火比洪水更戏剧化。它几乎是瞬时发生的，把一个世界转化成另一个世界：一片茂密的森林变成了满是灰烬的土地。一旦让野火得逞，一旦失去对它的控制，那你就完全手足无措了。这时候你必须考虑如何在火灾中存活下来，而不是灭火。火势就像野生动物，像蛇。那是一种恐怖的美。"

2010 年 12 月，以色列卡尔迈勒山（Mount Carmel）的森林着火了。森林被以色

列有史以来最热的温度炙烤得像脱了水一般。位于耶路撒冷和海法的天气控制中心记

录到了 80 年以来最少的降雨天数。卡尔迈勒山的山火蔓延导致数十人丧生，超过 500

万棵树木被烧毁。以色列向国际组织求助。美国、俄罗斯、英国、法国、西班牙、埃

及、约旦、塞浦路斯、希腊、德国、土耳其和巴勒斯坦政府送去了支援用品和消防飞

机。以色列前总理本雅明·内塔尼亚胡（Benjamin Netanyahu）如是说："这是一场

特殊的战役。"

不丹王国宪法第 5 条第 3 款规定，不丹国内至少有 60% 的土地"将永久被森林覆盖"。不丹以千变万化的地形和生物多样性闻名。这里是云豹、印度犀牛、小熊猫、山羚羊、赤鹿、金叶猴、老虎、黑熊、野猪、狼和岩羊的家乡。50 种杜鹃花争奇斗艳。

根据政府数据，五名不丹人中就有一人的年收入在贫困线以下。大多数不丹人是农民，他们种庄稼或养牲口。清理出耕地最经济的方式就是用火烧。但农火很快蔓延成森林火灾，尤其在干燥的冬日。火灾同样可能由"玩火柴的孩子或是牧牛人和收割香茅草的人"造成。风和山脉地形使得这些火灾极难控制，人和野生动物的生命因此危在旦夕。

黑鸢是一种有深色的虹膜和分叉尾型的猛禽，常常被看到在非洲、欧洲、亚洲和大洋洲的澳大利亚上空成群翱翔。黑鸢会被燃烧的地形吸引。当其他动物逃离火焰的时候，这种狩猎的食腐动物却向下俯冲。戴维·奥朗（David Hollands）在他的《澳大利亚的鹰隼》（*Eagles, Hawks, and Falcons of Australia*）一书中写道："黑鸢能用高超的技巧利用火……我在达尔文市内见过着火的草地前突然出现上千只鸟的情形，它们聚集在火焰之上，因为那里的空气上升得最快。然后它们俯身猛冲，到烟雾里，甚至几乎到火焰中攫取猎物；接着又突然转向，迂回前行通过昏暗地带，捕捉被更加猛烈的火势逼退的虫子。"

　　澳大利亚干热且容易发生旱灾。生活在那里的人类、植物和动物群都有"适火性"。原住民利用火来打猎、捕鱼。覆盖澳大利亚大多数土地的桉树都含有易燃的油类；燃烧着的树到达木头的燃点后，会瞬间烧得像爆炸一般，随后化为灰烬。新的桉树种子在大火燃过后重新萌芽，茁壮成长。研究火的历史学家史蒂芬·派恩（Stephen Pyne）这样写道："这些火灾过后重新生长出来的新芽会给动物提供营养，袋鼠、小袋鼠、袋熊都需要。"

　　澳大利亚人得时刻准备防火。不过最近的火灾，即使对最有准备的人来说，也是很大的灾难。澳大利亚的维多利亚州从 2009 年开始遭受热浪侵袭，最高温度破纪录地达到了 48.8℃。几个月来都没怎么下过雨，彼时的维多利亚州正处在旱灾的第 13 年。2 月 6 日是一个周五，维多利亚州州长约翰·布伦比（John Brumby）要求民众取消他们周六的出行安排，在他预期的"我州有史以来最糟糕的一天"待在家中。第二天下午，墨尔本的温度为 46℃，相对湿度在 10% 以下。

　　上午 11 点 47 分，在基尔莫尔镇（Kilmore）东部的小山丘后面，有人看到了一丝烟雾。消防员几分钟内就赶到了，却无法控制火情。队长罗素·考特（Russell Court）报告，他看到了"两股火舌"，一条伸向南方，另一条向东方烧去。强风鼓吹着火焰，把余烬吹向空中，点燃新的火丛。到下午1点19分的时候，大火伸出"多股火舌"。火焰乘着广袤的干燥植被，燃烧着山脉，跳过高速路的夹断。点点火星汇合，再撒落更多的余烬，点燃新的火焰。

整整一天，大火接着大火燃烧，跨越维多利亚州，一长条火向东南角推进。下午5点30分，风向变了。

墨尔本大学的火灾生态学家凯文·托尔赫斯特（Kevin Tolhurst）告诉澳大利亚广播公司："风向变化导致的结果就是，大约50千米长的火焰侧翼突然变成了新火的源头。因此，我们手头有一场50千米宽，而不是6千米宽的火灾。"吉姆·巴鲁塔（Jim Baruta）从他位于圣安德鲁斯山头的家里观察火势的逼近，"那简直是一场飓风，燃烧的飓风。"

在这个日后被称为黑色星期六的日子里，维多利亚州的火灾烧毁了超过4 000平方千米，导致173人死亡。

马里斯维尔镇（Marysville）90%的建筑物被损毁，34人丧生。每一位消防员都失去了他们的家。达利尔·赫尔（Daryl Hull）当时在马里斯维尔的交叉路旅馆工作，他在调查黑色星期六的皇家委员会面前做目击陈述。当时树木烧毁倒在他面前，赫尔逃到了一个湖里。"一切都着火了……狭长的橘黄色火焰爬过河岸草地，它像一个生物一样……我朝湖中间游动……之后发生了一场爆炸，一切都变成了鲜亮的橘色，余烬撒到我的身上。这些余烬掉到我周围的水面上时会发出嘶嘶声。为了躲避这些余烬，我藏到水下。我能从水下看到余烬下降，就像橘色的灯光透过绿色的玻璃一样……当我浮出水面后，我能看到学校在我面前化为灰烬。不知什么时候，两辆车开到了湖边。我听到车门打开，还有两个男人和一个孩子的声音。我想了一会儿他们是否也会躲进湖里，但是他们没有。我不知道他们去哪里了。过了一会儿，那辆车爆炸了。"

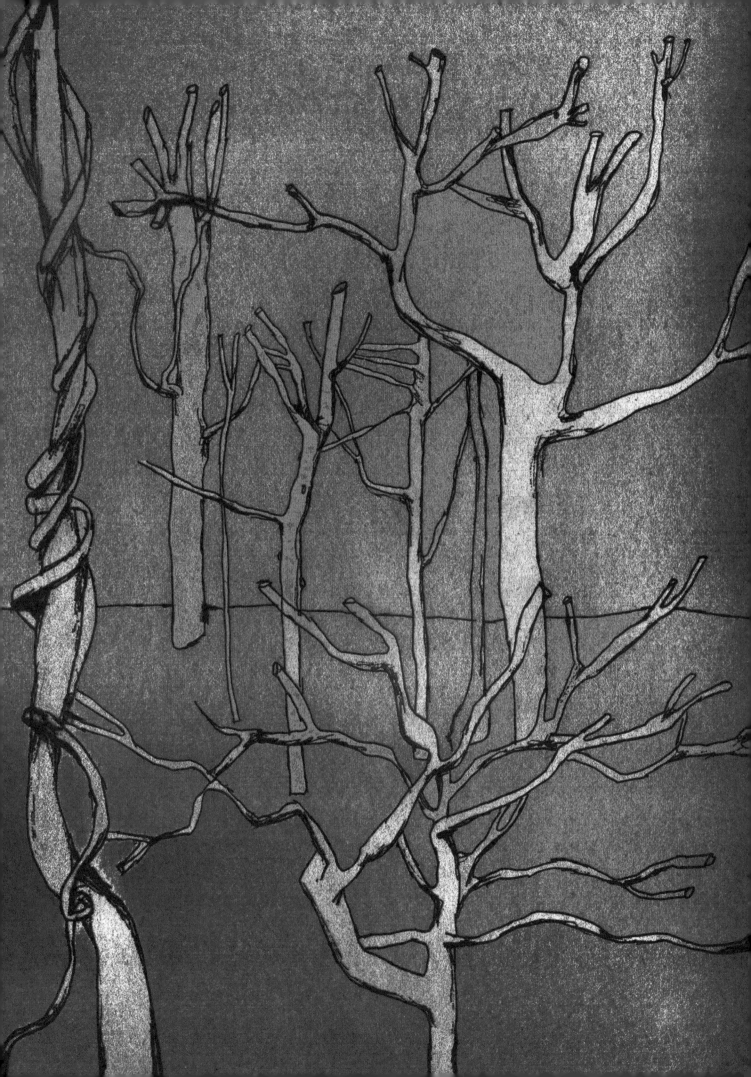

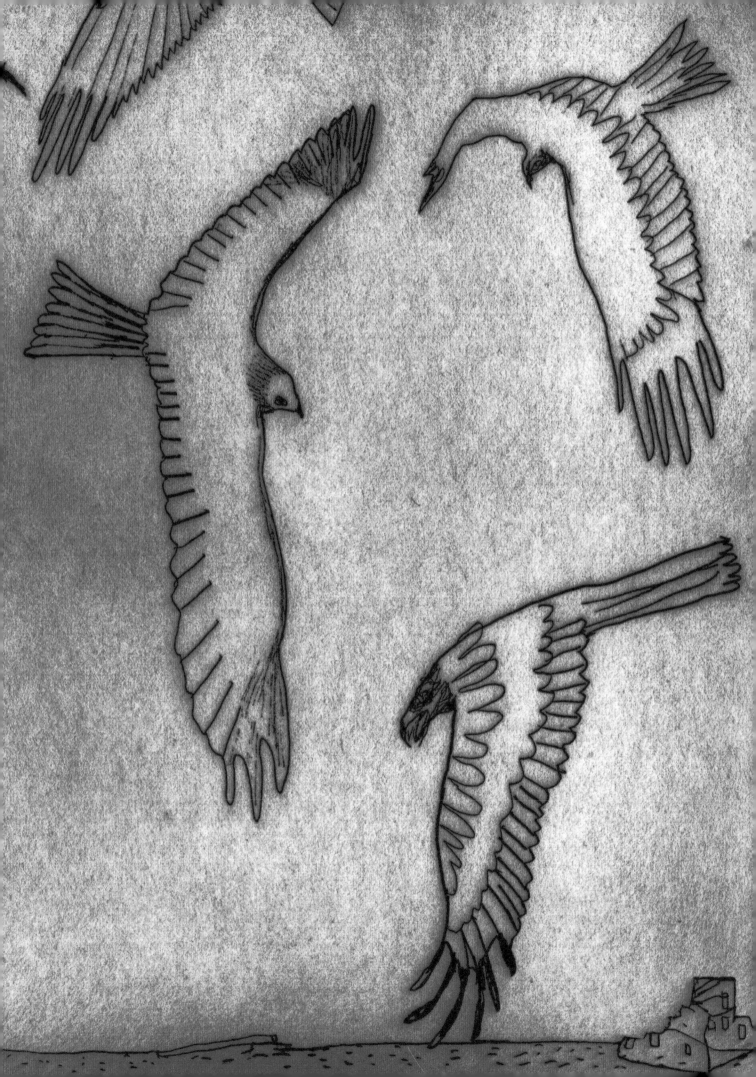

"我们正在面对不断升级的火灾危机，世界各地几乎都是如此。"斯坦福大学森林生态学的教授克里斯·菲尔德（Chris Field）在2013年的一期《纽约时报》上写下了这样的评论。哈佛大学一项最近的研究发现，美国西部发生大型火灾的概率将在2050年之前翻倍，部分地区甚至有翻三倍的可能。火灾季将延长，空气也将更加乌烟瘴气。近些年来，灾难性的野火已经在美国、南非、欧洲和南美洲等地出现。环顾全球，越来越多的人正迁居到"红色区域"或"城市与荒野的交界处"，而这正是人类在开发过程中和未开发的土地相遇的地方，也是在这些地区，野火的杀伤力最大。

即便是西伯利亚也会着火。2010年，俄罗斯全境温度都创新高。当时也出现了旱情。据塔斯社（ITAR-TASS）消息，2010年，西伯利亚发生了近2 000起野火燃烧事件。《西伯利亚时报》（The Siberian Times）报道，野火导致超过50人丧生，同时导致俄罗斯失去了四分之一的谷物收成。俄罗斯联邦紧急情况部（Emergency Situations Ministry）发布消息称，某些地区的火势正以每分钟100米的速度移动。2012年的情况更糟糕。8月，时任俄罗斯总理的德米特里·梅德韦杰夫（Dmitry Medvedev）抵达西伯利亚西南部的鄂木斯克（Omsk），他表示："这样的野火局势不正常。"

第七章

天空

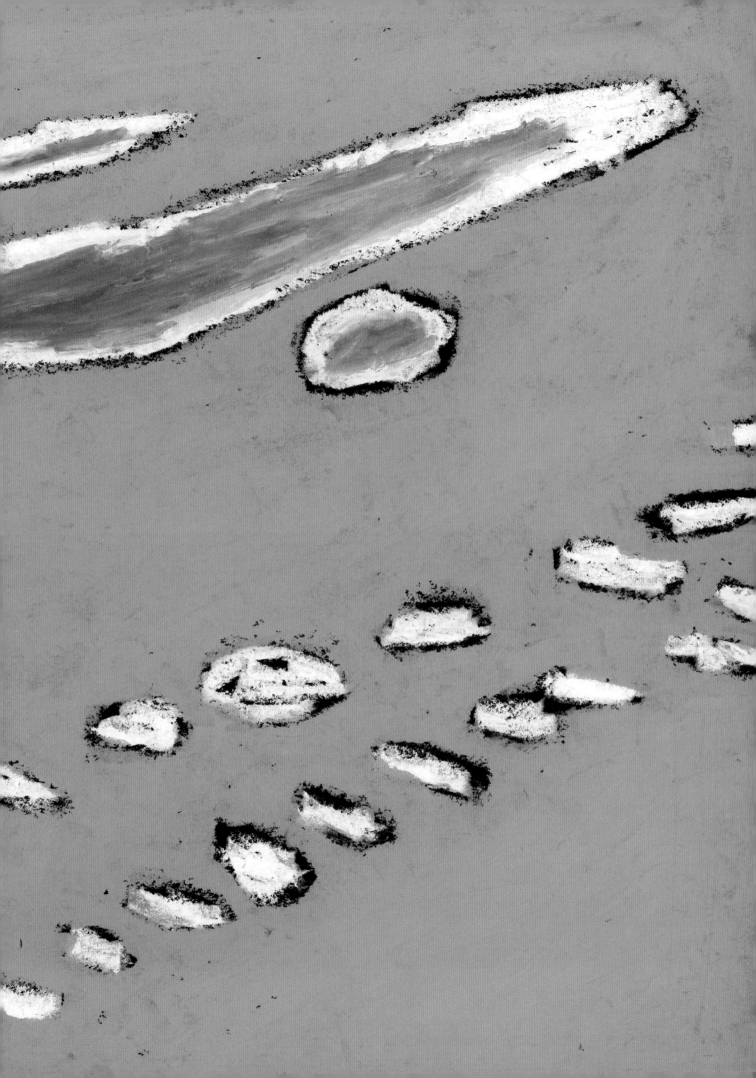

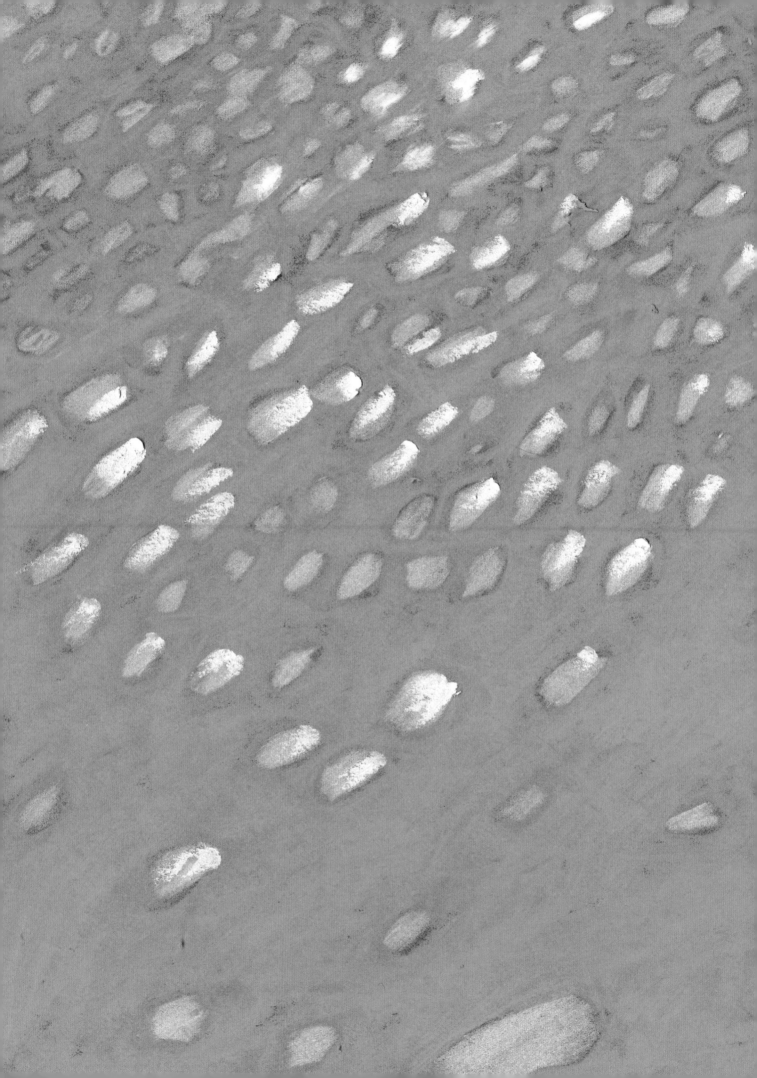

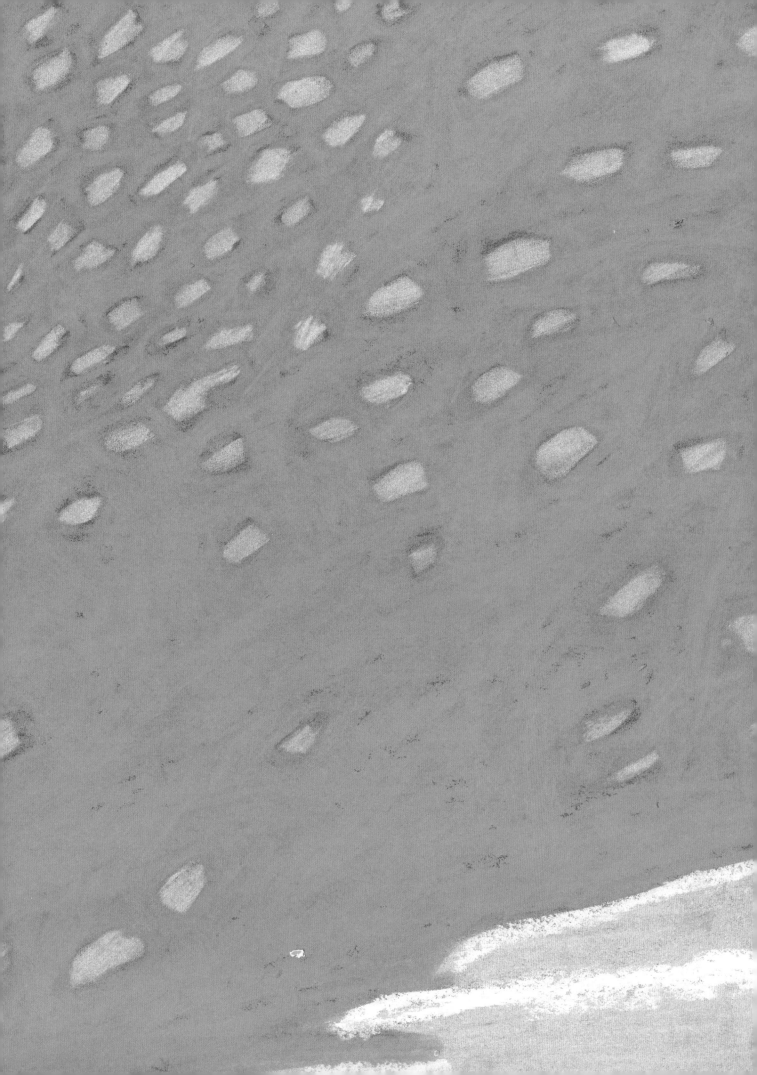

第八章

统　治

几千年来，
人们都能从天气里发现含义，
或是神迹。

1588 年，兵力和武器都不如对手的英国海军

舰队击败了入侵的西班牙无敌舰队，这部分归功于有利的潮水和

风向。即使在撤退过程中，西班牙舰队的船还是被风暴摧毁了。

受到挫败的西班牙国王腓力二世哀叹道："我出兵是为了对抗人，

而不是上帝的风浪。"

　　英格兰颁发的庆功勋章铸上了这样一句话：*Flavit*

Jehovah et Dissipati Sunt〔上帝吹（他的风），于是他

们作鸟兽散〕。英国的胜利又被解读为新教对天主教会的

胜利；天气显然表明上帝站在哪一边，这股气流也被封为

"新教之风"。

印第安人长期以来都有用亚术咒语召唤特定天气的仪式。在干旱的西南部落，霍皮人（Hopi）、纳瓦霍人（Navajo）、莫哈韦人（Mojave）等都通过有节奏的步法和歌唱来表演求雨舞蹈。1894年的一期《国家地理》杂志记录了令人眼花缭乱的传统：宾夕法尼亚州马斯金格姆县的人雇用老翁老妪，作为抛接杂耍演员来求雨；曼丹人里不但有唤雨人，还有阻雨人，后者会挥舞弓箭威胁天空。干旱时节，乔克托人会和鱼共浴，以此祈雨；或是在盘子里烤沙，以此祈求晴天。莫基人想求雨的时候，就会把野生蜂蜜包在玉米的苞叶里，咀嚼一番后再吐到烤焦的地面上。堪萨斯州的奥马哈人会通过"翻毯子"来呼唤风的到来。为了阻止暴雪，他们会把一个奥马哈男孩涂成红色，然后放到雪地里滚一滚。奥马哈人对于驱散雾气也有计策：部落成员们"在地上画一个面朝南的乌龟。他们会在乌龟的头、尾巴、背壳中间和每只脚上都绑上一小块红腰布，还会放上一些烟草"。

在《圣经》中，上帝通过气象事件和人类对话。在《创世记》中，上帝为人类的邪恶感到悲痛，所以发大水淹没地球。"看哪，我要使洪水泛滥在地上，毁灭天下；凡地上有血肉、有气息的活物，无一不死。"（《创世记》6:17）大水冲走了几乎所有生物——仅仅留下挪亚方舟上的避难者——上帝这才停了大雨，并在空中划出一道彩虹，作为之后不再毁灭地球生物的承诺。

上帝通过天气变化表达了愤怒："当时，耶和华将硫黄与火，从天上耶和华那里，降与所多玛和蛾摩拉"（《创世记》19:24）；"耶和华必使人听他威严的声音，又显他降罚的膀臂，和他怒中的愤恨，并吞灭的火焰，与霹雷，暴风，冰雹"（《以赛亚》30:30）；"我必用温

疫和流血的事刑罚他。我也必将暴雨、大雹与火，并硫黄降与他和他的军队，并他所率领的众民"（《以西结》38:22）。

上帝威胁道："耶和华要用痨病、热病、火症、疟疾、刀剑、干旱、霉烂攻击你。这都要追赶你直到你灭亡。"（《申命记》28:22）

上帝也许诺扶持和保护人类："耶和华必为你开天上的府库，按时降雨在你的地上。在你手里所办的一切事上赐福与你。你必借给许多国民，却不至向他们借贷。"（《申命记》28:12）

大约从1300年开始，在后续的几个世纪中，全球温度下降，天气也变化无常。欧洲面临潮湿的严寒、激增的降雪量，还有冰雹风暴、干旱、水灾和不寻常的天气波动。无法预计的天气状况导致农作物歉收、牲口病弱，还带来了食物短缺、饥荒和疾病等问题。旱灾、水灾和饥荒同样在亚洲肆虐。这段时期通常被认为是"小冰河时期"。

如今，气候学家提出了导致小冰河期天气变幻莫测的可能原因。火山的接连喷发使得大气层中充满了灰尘，进而折射了太阳的一部分温暖射线，使其无法到达地表。这也许是其中一个原因。太阳活动的减少也可能产生了一定影响。北大西洋涛动中的一次"跷跷板"现象，通常是持续出现的冰岛上空的低气压和亚速尔群岛的高气压反转所导致的。这种气候模式会把北极的冷空气带到此地。根据历史学家布莱恩·费根（Brian Fagan）的说法，这种气候模式扮演了"最重要的角色"。

不过，当时可没有人提出这些理论。人们越来越饱受大饥馑的折磨，也越来越绝望。一些学者认为，这种反常的天气和女巫审判有正相关性。从13世纪到19世纪，一百万被指控为女巫的人（大多数是穷苦的妇女和寡妇）被处以极刑。

布莱恩·费根："一股狂热的指控浪潮刚好撞上小冰河期中最冷又最难熬的年份，于是，此时的人们要求根除这些需要为他们悲惨命运负责的女巫。"

1484年，英诺森八世发布了教皇诏书："许多人……把自己献给魔鬼……并且通过念咒、护身符、招魂和其他令人憎恶的迷信活动和占卜进行犯罪与不轨行为，使得妇女的后代、动物的幼仔、地球的产物、葡萄藤上的葡萄和果树结实的过程都遭到了破坏。"

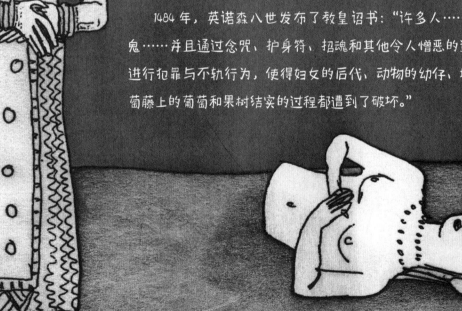

德国教会裁判官海因里希·克来默（Heinrich Kramer）在一本关于巫术的小册子《女巫之锤》（Malleus Maleficarum）中记录了15世纪的一场巫术审判。他在第十五章中写道："女巫如何召唤冰雹和暴风雨，引来闪电击中人类和野兽。"这详细记录了在萨尔茨堡附近发生的对两位妇女的审判："一场猛烈的冰雹摧毁了这一带1.6千米范围内所有的水果、农作物和酒庄，这些葡萄藤三年内都没再结果。"公民要求一场审判："许多人……都认为是巫术导致了（这些恶劣天气）。"

大概在这场审判结束的两周后，"一名浴场女工"以阿格尼丝（Agnes）的名字，连同第二名被告安娜·冯·明德海姆（Anna von Mindelheim）一起受到指控。"这二人被逮捕，并关在不同的监狱。"阿格尼丝先被带到一组法官前。一开始，她声称自己是无辜的，展示了自己"安静的邪恶天赋"，但最终还是屈服了。阿格尼丝自己承认"与梦淫妖通奸（……她行事极为隐蔽）"。作者重新铺设了阿格尼丝的证词：她与魔鬼在田地间的一棵树下见面。他指使她在地上挖一个洞，往里面灌满水，然后用手指搅动。在天空裂开暴雨将至前，她刚好有时间赶回家。

在第二天的法庭上，安娜·冯·明德海姆也坦白了相似的罪行。

第三天，两个女人都被处以火刑。

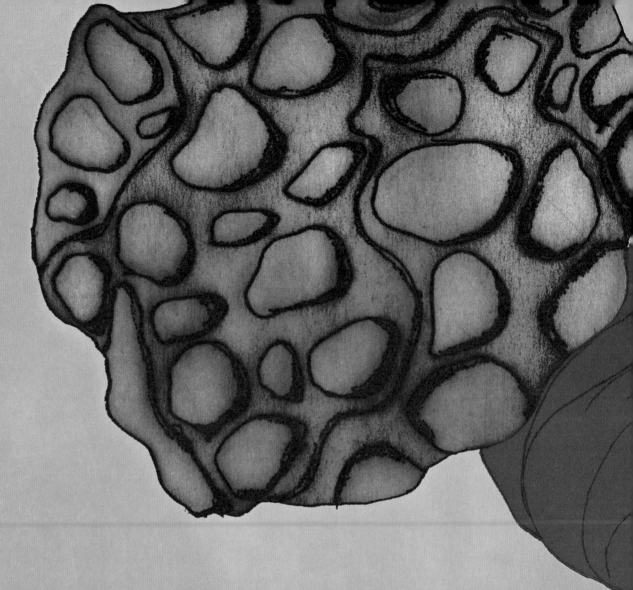

　　到了 20 和 21 世纪，不少人还是会为解释自然灾害的出现寻找替罪羊。男女同性恋者便成了靶子。1998 年，帕特·罗伯逊（Pat Robertson）警告奥兰多市不要"在上帝面前"挥舞彩虹旗。"这会带来恐怖分子的炸弹，还会带来地震、龙卷风，甚至可能导致流星撞击地球。"信仰防御宣传部（Defend and Proclaim the Faith Ministries）的创始人约翰·麦克特南（John McTernan），就把 2012 年飓风"桑迪"的到来怪罪到了同性恋者头上。"正派妥拉犹太人"（Torah Jews for Decency）的拉比诺森·莱特（Noson Leiter）说："飓风'桑迪'是对纽约州同性婚姻合法化的'神意审判'，而曼哈顿下城被淹是因为这里是'美国同性恋的中心之一'。"

　　对巫术的指控仍在继续。

　　加利福尼亚大学伯克利分校的经济学教授爱德华·米格尔（Edward Miguel），在现代的坦桑尼亚发现了一种行为规律。据他所说，涝灾和旱灾导致收成微薄的年份，饥荒到来的同时，也伴随着"巫师"被迫害致死数的加倍。

"认为巫术信仰只存在于农村地区，或者只在没有受过良好教育的人之间传播，这种想法是错误的。"埃斯特尔·特伦格罗夫（Estelle Trengrove）是约翰内斯堡金山大学（University of Witwatersrand）的一名讲师，她研究关于闪电的神话。她从约翰内斯堡打来电话，转述了一段和三名来自祖鲁家庭的机械系大四学生的对话：

"我们入座后，一位学生说：'首先，我要向您解释一下。闪电分两种：人造闪电和自然闪电。'他解释道，人造闪电是巫师利用魔法做了不可告人的事情之后产生的结果，比如说用闪电击打人或者毁坏财产。我回应道：'你住在郊区的家人这么认为的吧。'然后他说：'不。我在向您解释。我这么解释是因为我看出来您完全不明白。'他所学到的一切科学知识都可以用来解释'自然'闪电，但'人为'闪电在他的意识里被分到了一个完全不同的范畴中，这个范畴并不由物理学定律支配。"

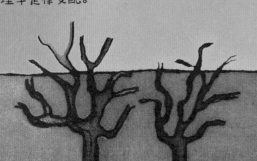

天气是大气在某一时刻下的状态：包括温度、降水、湿度、风速和风向、云层、大气压强等指标。气候是关于一个地区一段时间内常见的天气模式的总结，也就是说，气候描述了一个特定地方通常的天气状况。科学家埃德蒙·马特斯（Edmond Mathez）这样写道："我们根据天气选择穿什么，造房子时也要参考气候。"任何一种天气活动可以在不导致气候出现大幅变化的情况下，在正常范围外波动。但如果气候发生了变化，那么根据定义，天气也会随之变化。

科学家们普遍认为，我们生活在一个全球气候变暖的时代。

政府间气候变化专门委员会（The Intergovernmental Panel on Climate Change，简称 IPCC）已经声明："我们毫不怀疑气候系统变暖的事实。"而且 IPCC 表示，这种变暖主要是温室气体排放所致。

人类行为正在改变这颗星球。科学家认为，这可能导致地球上出现更高的气温、极端的天气活动、野火、洪水和干旱，还会导致海平面上升、物种灭绝。

哈罗德·布鲁克斯（Harold Brooks）是美国国家海洋和大气管理局国家极端暴风实验室的气象学家。他表示："地球正在变暖，而且会持续变暖。人们对这条声明已经不好奇了，因为事实太过明显。"

许多研究者、政府机构和军事战略家都把气候变化视为潜在的"威胁放大器"（threat multiplier）。五角大楼 2010 年的《四年防务评估报告》（"Quadrennial Defense Review"）这样写道："气候变化可能对全球的地缘政治产生极大的影响，会导致贫困、环境恶化，进一步削弱脆弱的政体。气候变化将导致食物和水资源短缺，促进疾病传播，可能激发或扩大大范围移民。"2014 年的这份报告再次重述了这些担忧，还加上了一条："天气变化会加剧助长恐怖行为以及其他暴力行为。"

2014 年，由美国政府资助的非营利军事研究机构美国海军分析中心，发布了《国家安全与持续增长的气候变化威胁报告》。这份报告声明，全球的气候变化已经成为"不稳定和冲突状况"的催化剂。该报告预计，美国境内的气候变化把"国家力量的关键元素置于危机之下，并且威胁到了我国的国土安全"。报告继续写道："全世界需要如何应对预计出

现的天气变化，考虑这个问题时我们认为重要的是不要束缚想象力。"

一些科学研究者正在展望激进的对策：人为干预地球系统，也就是那个通常名为地球工程（geoengineering）的计划项目。地球工程师试图减少太阳光照的亮度、搅动海洋，从而使天气冷却下来。

如果人类行为已经在不自觉地影响气候，那么我们是否可以，又是否应该有意识地采取一定手段来抵消这些负面影响呢？

人类和科技能否代替上帝和魔法，获得控制天气的权力？

纳森·梅尔沃德（Nathan Myhrvold）曾经在微软担任了十多年的首席技术官，建立了微软的研究分支。1999 年，梅尔沃德离开微软，建立了高智风险投资公司（Intellectual Ventures），一家资金雄厚的"金点子工厂"。梅尔沃德从普林斯顿大学取得数理经济学和理论物理的博士学位。他曾和史蒂芬·霍金一起研究"弯曲时空中的量子场理论"，也曾在蒙大拿和蒙古挖掘恐龙化石。他是《现代主义者的料理》（Modernist Cuisine）的作者之一，这是一部长达六卷的分子美食著作。1991 年，他还夺得了世界烧烤大赛的冠军。高智公司有一份关于地球变暖的对策。梅尔沃德称这种装置为最强平流盾（Stratoshield）。

纳森·梅尔沃德："以现在的行进方向和运行速度，总有一天我们会把地球烤熟。关于这种可能性有多大，或者究竟还要多久我们才会到达那一步，有许多合理的论证，不过说到底这就是一个'何时会发生'的问题。而且我们到现在为止几乎对全球变暖毫无作为——至少没有可以被计量到的作为——我不觉得我们能避开这个结果。如果我们真的逃离了，那太好了。不过与此同时，还是让我们为全球变暖做好准备吧。"

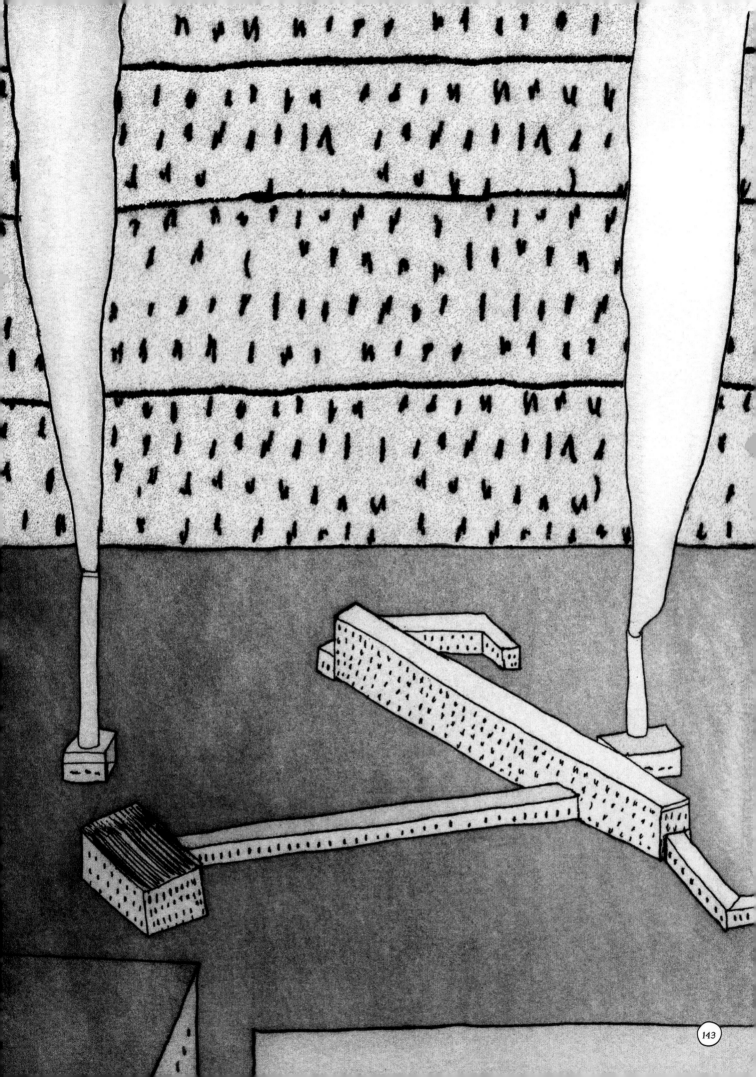

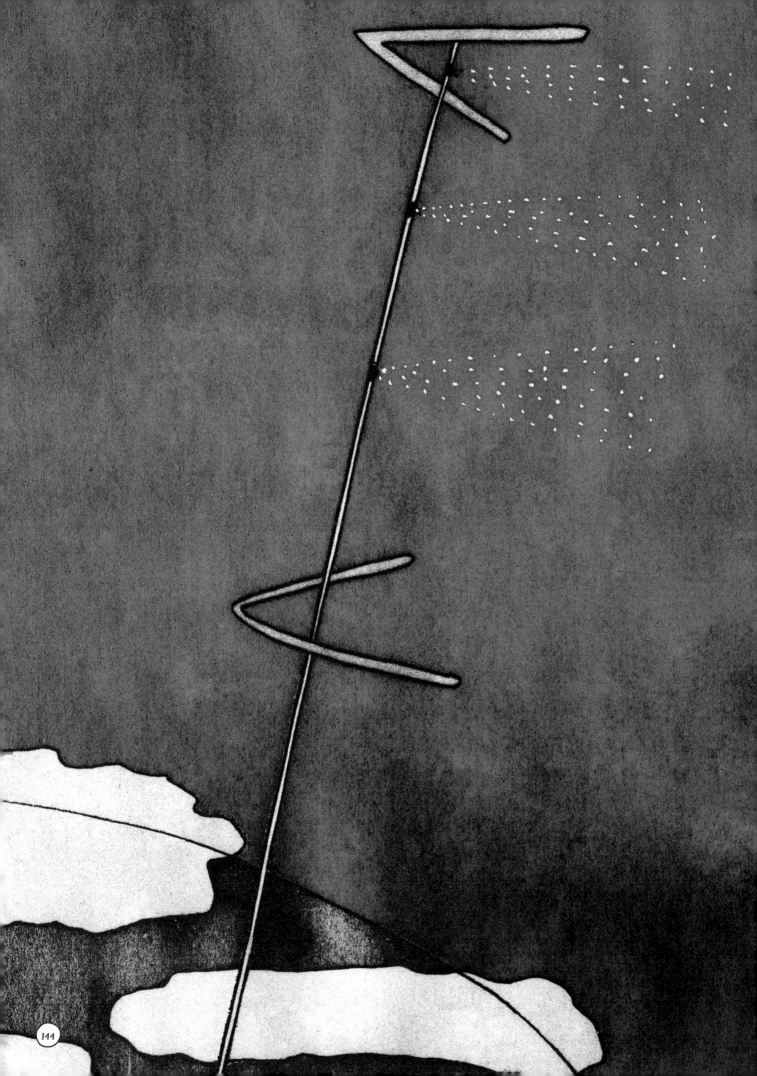

地球工程的战略通常分为两类。第一类，移除二氧化碳，削弱其保温作用。第二种是太阳辐射管理（solar radiation management），这种方法试图阻止一定数量的太阳光穿过大气层，或是增加反射回宇宙的太阳光线，从而降低地球温度。

纳森·梅尔沃德："有一种方法叫太阳辐射管理，缩写是 SRM。现在这种乱七八糟的东西都有缩写，大概人们喜欢缩写吧。这种方法意图把一些阳光反射回宇宙空间。我们认为，我们的最强平流盾的操作是目前能想到的最经济实用的解决方法。我们试图让太阳光线暗百分之一。

"早在 20 世纪 60 年代，苏联科学家米哈伊尔·布德科（Mikhail Budyko）就率先想到了这个主意。布德科意识到，硫化物产生自自然界的火山喷发，它们能使阳光变暗。1991 年度纳图博火山喷发后，全球温度在之后的 18 个月内降低了大概 1℃。所以呢，我们只需让皮纳图博火山一年喷发一次，就可以让地球降温。那么问题来了：怎样操作才能模拟出皮纳图博火山每年喷发一次的效果呢？人们想了各种各样的办法。有些人想造一些火炮，把这些大炮对准天空，发射会爆炸的火炮弹。让我们用火箭把它们送上天，或者让我们用波音 747 来装载这些玩意儿。这些想法估计能成功，但是成本非常高。

"我们想出了最简单的方法，那就是——往天上拉一根管子。这主意听起来很蠢，却简单又便宜。所以我们极尽细节地设计了这种管道。用一堆气球把这根管道挂起来；管道本身有一系列小电子泵。管道内部直径在 2.5 厘米到 5 厘米之间，就像一根浇花的大粗水管。

"这根管子用普通的水管材料制成，因为不需要特别坚固的材料。另外还需要能将其固定在空中的气球和一串小电泵。我们用过比较炫酷的气球是 V 形的，当然你也可以用圆形的。V 形比较适合多风的天气。每一百米的一段管子就有一个小气球固定它。我们把这个称为串珠形设计。

"然后我们要把需要投放的材料送上去。其中最简单的原料就是硫酸盐，二氧化硫反应的产物。这是纯天然的。

"回到正题，它们就是浇花的管子。算一下需要多少这些管子，每个半球估计只需要一条。它们是很长的浇花管子，深入天空。一条就能为整个半球抵抗全球变暖。

"我们想到的最优方案是把这根管子放在北极或南极。我们会把它放置在北极圈内，加拿大境内就有好几个合适的地方。

"那么，现在就要把原材料撒到大气层里了。管子顶部有一些喷头，能够把二氧化硫以细雾状喷出去。我们有许多监测方法，能非常精确地调控；也能决定想要稳定在多少温度、维持怎样的气候。你甚至可以说：'我们就把它稳定在今天的温度上吧。'这也许是最好的做法。当然你也可以说：'让我们回到工业化之前的气候吧。让我们逆转全球变暖的一切影响。'"

地球工程的提案让许多人感到恐慌。有些人担心这会是蓝天的末日——硫化物粒子笼罩大气层，天空的颜色变得沉闷。（梅尔沃德表示，天空的任何颜色变化都是肉眼无法察觉的。）直到最近，和杰夫·古德尔（Jeff Goodell）在《如何让我们的星球降温》（How to Cool the Planet）一书中写到的一样，地球工程研究就像"科研版的喜欢看色情片。这种习惯是你自己在实验室私下思考和探索的，难登大雅之堂"。

纳森·梅尔沃德："我们的计划出炉时，我收到了好多封恐吓信。有一封是这样说的：'你比杀婴的人还恶劣。'"

纳森·梅尔沃德转述了他听过的关于地球工程提案的一些反馈。"我和一些硬派环保主义者聊过这个问题。我把这类人称为'约翰·穆尔'（John Muir）。"

穆尔是负有盛名的自然主义者和社会活动家，山峦俱乐部（Sierra Club）的创始人之一，也被尊为"美国国家公园之父"。

纳森·梅尔沃德："约翰·穆尔热爱大山。我的一些环保主义者朋友，他们也热爱大山。他们热爱荒野。所以他们会说：'这真是太好了！你有办法保护我喜爱的东西免遭破坏。'他们对地球工程还是持保留意见的。但是没关系，归根结底，他们不希望这个星球遭殃。"

　　理查德·皮尔森（Richard Pearson）是在美国自然历史博物馆生物多样性及保存中心工作的科学家。他表示："有了一个国家公园，在一些动植物外围圈起了保护。但是，对你想要保存的那些物种来说，这个系统里的气候条件是适宜的吗？"

　　一圈围墙并不能阻止气候变化。动植物群、蓝天碧海，这些都会受到气候变化的影响。人类是否要扮演上帝的角色干预地球系统？时至今日，这个问题已经从边缘探讨变成了主流辩论。

纳森·梅尔沃德："这是人们会说'谁有权做这种事情呢?'的问题。我会这么回答:'好吧,别急着这样问。每辆汽车排放到大气中的尾气都在改变气候了。'"

艾玛·马丽斯（Emma Marris）,记者:"无论我们承认与否,人类已经在驾驭整个地球。"

亚伦·罗博克（Alan Robock）,气候学家:"我担心的是,地球工程会被发展成武器。我怕跨国公司集团研发这项科技。你觉得'埃克森美孚地球工程公司'（Exxon-Mobile Geoengineering Corporation）这样的集团会把谁的利益放在心上?我还担心,一个国家想把全球气温设定成某一个值,而另一个国家想设置成另一个,他们最终可能因此开战。"

伊丽莎白·科尔伯特（Elizabeth Kolbert）,记者:"把二氧化硫发射到空中的后果之一,就是制造出一种新的地区天气模式。"

亚伦·罗博克:"地球工程可能导致印度和中国遭遇肆虐的暴雨,影响他们的食物供给。"

纳森·梅尔沃德："我能预见，一些发展中国家会说，'瞧，你们说得没错。我们正在发展，造成了许多污染。但是你们19世纪时也是这样做的呀，现在轮到我们了。但我们很开明，所以我们要实施地球工程计划，来抵消我们产生的影响。说不定到我们实施的时候，能顺便把你们制造的一些坏影响也给抵消了'。

"你想想，假如待在马尔代夫这样的国家。马尔代夫最高的地方也不过几米海拔。所以对住在那里的人来说，这是个很严峻的问题。当世界上其他国家的人争辩来争辩去而什么都没做的时候，我想，对马尔代夫人来说，他们完全有正当理由说出'好吧，算了，我们要采取行动了。你们这些人知道吗？你们吵来吵去的时候，我们就要出手了。因为不论怎样，我们都快沉到海底了'。如果他们真的实行了地球工程计划，那么谁来阻止他们呢？有国家会派出战斗机去袭击他们吗？

"你可能会设想出一些疯狂的场景，比如南美洲热带国家巴西，那里的人会说：'好吧，你们这些北方混蛋，我们要把你们冻死。我们要把装置设定好，调回冰期的温度。'这样的话加拿大人就会抗议：'是呀，全球变暖对我们来说是好事。我们要产生一大堆二氧化碳，为什么呢？因为我们厌倦了每年寒假都去夏威夷过，为什么我们不把加拿大变得温暖如春？'"

戴维·基思（David Keith），环境学家："这并不是自然的终结——但的确是荒野时代的结束——至少是我们意识中荒野的消逝。这意味着，我们要有意识地承认，自己生活在一个受到控制的星球上。"

艾玛·马丽斯："即使我们反感气候干预、不想这么做，但可能到了某一天，出于道义我们不得不干预。不过我本人对此并不热衷。"

纳森·梅尔沃德："好吧，应该只有在情况真的很糟糕时才考虑实施地球工程。如果没有出现什么灾难性事件，就没有必要做这么吃力不讨好的事情。"

第九章

战 争

1963年，越南共和国的天主教总统吴庭艳（Ngo Dinh Diem）正面临佛教僧侣的抗议行动，他们反对吴总统政府压迫性的宗教政策。5月，吴庭艳的安保杀害了九名僧人，因为这些僧人对政府禁止悬挂佛教旗表示抗议。6月，军队向这些宗教抗议者身上泼化学药品。7月，美联社（Associated Press）记者马尔科姆·布朗（Malcolm Browne）用胶片记录下一名叫释广德（Thich Quang Duc）的僧人自焚的过程，把全世界的目光聚焦到了这一争端上。

越南共和国的这场冲突导致自己和美国之间的关系逐渐紧张，美国当时支持吴庭艳政府同越南民主共和国相抗衡。美国中情局的一名特工目睹了1963年8月的抗议行为后，曾这样描述僧人们面对政府压迫的反应："他们示威时会站着，即使警察往他们身上扔催泪瓦斯也岿然不动。"但是，该特工注意到，下雨的时候，僧人们会散去。

这为中情局提供了思路：让天下雨。一场雨就能预先阻止抗议行动，之后政府也就不会采取暴力回击；美国就不会陷入支持一个攻击自己公民的政权的境地。根据这位中情局特工的说法："情报局设法获得了一架美国航空公司的比奇飞机（Air America Beechcraft），载满了碘化银。"这是"播种"到云里促成降水的关键化合物。

17年前，一个高中辍学生、一个诺贝尔奖获得者，还有美国知名作家库尔特·冯内古特（Kurt Vonnegut）的哥哥——这三人一起在纽约州斯克内克塔迪（Schenectady）的通用电气公司研发了播云技术。

1921年，15岁的文森特·谢弗（Vincent Schaefer）离开学校，同年在通用电气找到工作，担任钻床操作员，之后转到研究岗位。物理化学家欧文·朗缪尔（Irving Langmuir）先是改进了电灯泡的技术，后来又拓展了大众关于原子结构的认知，获得了1932年的诺贝尔化学奖。他是通用电气研发部的主管，后来成了谢弗的导师。第二次世界大战期间，两个人合作为美国军方助力，改善了防毒面罩和潜水艇侦察用的海军声呐。他们还探索了天气现象，研究如何预防飞机翼受冻的技术，也发明了云发生器，用于掩护军事行动。

1946年的夏天，谢弗把黑色天鹅绒铺在一台家用冰箱内，以此证明他可以人工造雪。当时通用电气的一部宣传片拍下了头发乱糟糟的、戴着黑领带的谢弗。他把白衬衫的袖子卷到手肘上，一边叙述着造雪过程。

他向前倾，往冰箱的中空部分呼气："呼出的潮湿气息凝结了，形成了一小团云雾。"摄像机在这团盘旋的雾气处停留，雾气本身被人造光渲染成了霓虹蓝色，看上去像是夜店里的烟雾。谢弗告诉我们，这团雾气处于"过冷状态"（supercooled），也就是说，虽然潮湿的小水滴已经处于冰点以下的温度，但它们仍然保持液态。谢弗举起一大块干冰，把干冰碎片投入雾气中："显示出

了一些条纹，就像飞机留下的水汽尾迹。它们之中藏着百万个快速增长的小冰晶。"我们在屏幕上看到，一场小雪暴开始旋转。"它们在几秒钟内就以十仅倍计的速度增长。"摄影机拉近后可以拍到，雪花变成了雪暴，捕捉和反射着粉、紫、黄色的光线。"冰晶在闪烁。缤纷的颜色由这些像小棱镜一样的冰晶折射生成。"

谢弗第一次制造出可以复制的人工天气活动后，通用电气印发了一则新闻通告："每一片人造雪花都像真的一样，'白色圣诞'第一次被人为制造了出来。"《纽约时报》写道："通用电气今天宣布，人类控制雪天的技术又向前迈了一步……今后我们也许可以控制降雪，让它们不会落到城市，或者专门下到农场。"在更高的温度条件下，这种人造降雪会变成雨水。最初的实验开展不久后，物理学家伯纳德·冯内古特（Bernard Vonnegut，他23岁的弟弟库尔特·冯内古特次年开始在通用电气公司的公关部门工作）有了更加深远的发现：碘化银是一种比干冰更有效的播云剂。

欧文·朗缪尔看到了把这种技术应用于军事实践的可能。"'造雨'或者说天气控制，能变成一种和原子弹一样强大的战争武器……从释放的能量来看，30毫克的碘化银在最佳条件下能造成和一颗原子弹比肩的后果。"

美国在越南测试了这项新技术。1963年，在越南共和国的佛教徒持续进行宗教示威活动的同时，美国中情局采取了行动。"我们在该区域使用了播云剂。"一名中情局探员告诉《纽约时报》。"结果下雨了，"《纽约时报》写道，"这是第一次可以确认的气象战役。"

此后不久，美国空军开启了对东南亚地区的天气改造项目。这项计划的目标从分散宗教抗议者，转移到了阻止越南从北到南的货运。一位政府官员后来这样解释道："我们试图把天气调整为对我们有利的条件。"这个计划是保密的。

本·利文斯顿（Ben Livingston）是越战时期为美国海军工作的一名云物理学家。1966 到 1967 年间，他在东南亚参与了数十次"播云"任务。从当时拍下的老照片可以看出，利文斯顿是一个脖子修长的高大男人，有着粗犷的五官，笑的时候嘴咧向一边。在另一张照片中，他裸露上身，扶着一架小型飞机打开的舱门。在别的照片中，他在抽烟。在后期的一些图片中，利文斯顿戴着黑框眼镜。如今，他与妻子贝蒂和已经成人的儿子吉姆生活在得克萨斯州米德兰市的乡间小屋里。美国前总统乔治·W.布什的童年故居如今被改造成了一座博物馆，就在五个街区外。

本·利文斯顿："我是在得克萨斯州西部长大的男孩，小时候在棉花田里割杂草。我曾经看着飘来的云，希望它们能让我在影子里多待一会儿乘凉，又希望它们能在午后变成一阵雨。我想我一直都在纳闷：为什么就不能抓住云，在你需要的时候把云里的水挤出来，反正它们有时也会下雨。这个想法在我 10 岁

之前就扎根在脑海里了。"

利文斯顿的本名是韦伦·奥尔顿·利文斯顿（Waylon Alton Livingston），又名本，1928 年 8 月 17 日出生于得克萨斯州费舍尔郡。他的母亲叫艾迪·弗洛伊德（Addie Floyd），父亲叫欧内斯特·利文斯顿（Ernest Livingston）。高中毕业后，本·利文斯顿自愿加入美国海军。他学习了气象学和日语，后来成了一名飞行员，1958 年在关岛以飞行气象员的身份，训练飞行员进行"低空台风眼穿越"。20 世纪 60 年代，他加入了怒风计划（Project Stormfury）。这项由政府支持的计划，旨在用播种云的方式控制飓风。1966 年 8 月，他被派遣到越南共和国的岘港驻扎。

本·利文斯顿："在越南播云的目的是让雨季提前，并且持续更久。我也正是这么做的。我跑到那里去给云播种，让它们下雨。"

美国国防部 1974 年提交给参议院外交委员会的报表显示，这项计划的目的是"在仔细选取的地区大幅增加降雨，通过 1. 软化公路表面，

2. 造成公路边山体滑坡，3. 冲走河上交通，4. 在正常时间以外持续保持土地湿润，从而阻止敌人使用公路"。碘化银弹（也就是装着这种制剂的铝罐）搭成一排，摆放在机翼的位置。飞行员会触发一个延时发射机制，释放这些闪光弹，把它们投射到云里。

本·利文斯顿："你有这么一朵特定尺寸的云，你想把它变大，也许还是飞到离这朵云边缘大概两三百米的样子，把你的播种材料撒到边角小小的一块——一般就是花几秒时间飞到云里，再迅速飞回蓝天的怀抱。如果你面对的是一朵特别大的云，那么从飞进去算起，直到彻底飞出来，整个过程可能得有 30 到 40 分钟。你需要通过雷达获得提示和指引。毕竟身在云雾中嘛。

"这其实挺简单的。我一般每天都到越南民主共和国上空的一个地方看看。如果发现云朵并没有按照我们设想的方式发展，我就转头回来，你懂吗？回泰国或者哪儿都行。"

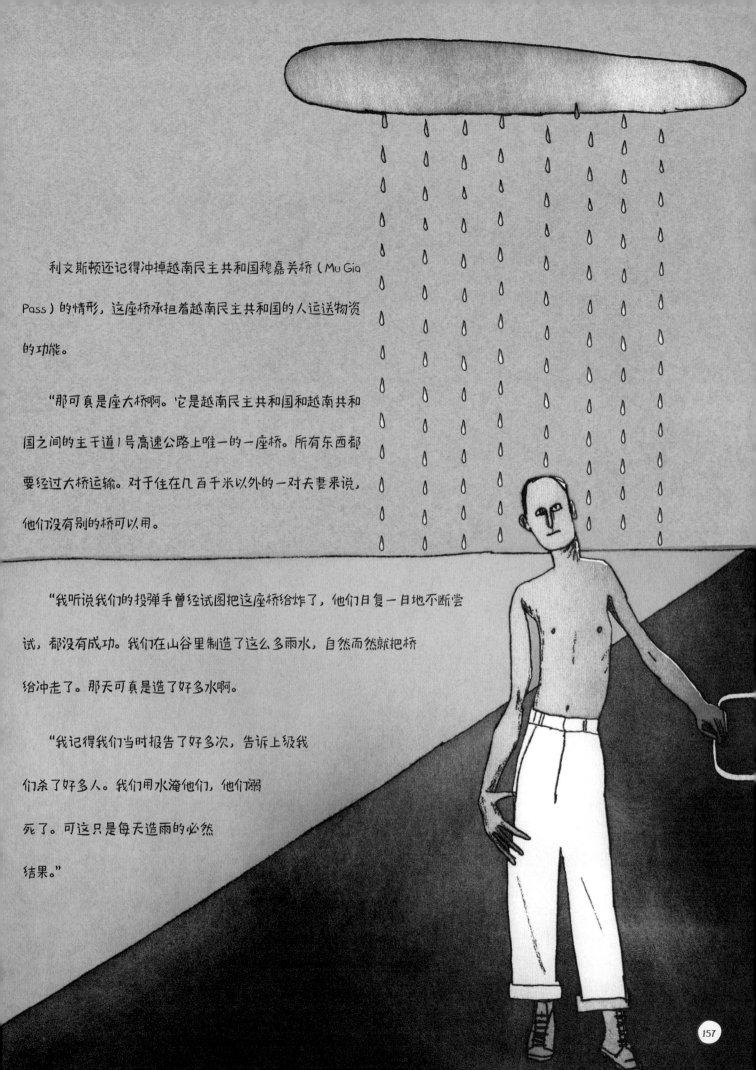

利文斯顿还记得冲掉越南民主共和国穆嘉关桥（Mu Gia Pass）的情形，这座桥承担着越南民主共和国的人运送物资的功能。

"那可真是座大桥啊。它是越南民主共和国和越南共和国之间的主干道1号高速公路上唯一的一座桥。所有东西都要经过大桥运输。对于住在几百千米以外的一对夫妻来说，他们没有别的桥可以用。

"我听说我们的投弹手曾经试图把这座桥给炸了，他们日复一日地不断尝试，都没有成功。我们在山谷里制造了这么多雨水，自然而然就把桥给冲走了。那天可真是造了好多水啊。

"我记得我们当时报告了好多次，告诉上级我们杀了好多人。我们用水淹他们，他们溺死了。可这只是每天造雨的必然结果。"

1966 年 10 月，利文斯顿在白宫椭圆办公室谒见林登·约翰逊（Lyndon Johnson）总统。

本·利文斯顿："我被叫到华盛顿特区去汇报在越南做的任务内容和成果，当然也包括向美国总统做简报。自然啦，他对我们到底做了什么来改变天气很感兴趣。天哪，他发现我们能够不费一兵一卒就完成这些事情之后可真高兴。"

1971 年 3 月 18 日，记者杰克·安德森（Jack Anderson）在《华盛顿邮报》（The Washington Post）上发表了一篇长达九段的文章，揭露了这个"不能说的计划"，不过他尽可能少地曝光细节。

"空军造雨人，在胡志明铁路系统上方的天空秘密行动，"安德森写道，"他们成功地使天气为我方所用，从而抵抗越南民主共和国。"美国智库兰德公司（RAND）的军事分析师丹尼尔·埃尔斯伯格（Daniel Ellsberg）在同年 3 月向《纽约时报》泄露了《五角大楼报告》证实了天气改造计划的存在，并称其为"云中截击计划"（Operation Pop Eye）*。1972 年 7 月，《时代周刊》记者西摩·赫什（Seymour Hersh）写了一篇更翔实的文章，激起了公众的讨论。其中一封写给编辑的来信指出，这些云朵的"法定地位"（legal status）不明确，亟须厘清，再确定国家对其"所有权和控制权"的司法主张。另一封读者来信提出指责：造雨项目是一件"大规模杀伤性武器"。

---

* Pop Eye 为空中截击的通用暗语，表示能见度较差的空域。——编者注

1974 年 3 月 20 日，美国参议院外交委员会的海洋和国际环境小组委员会，就在越南展开的气候控制行动召开了一次秘密听证会。来自罗得岛州的民主党参议员克莱本·佩尔（Claiborne Pell）主持了会议，国防部（东亚及太平洋事务）副助理国务卿丹尼斯·J.杜林（Dennis J. Doolin），美国参谋长联席会议的陆军中将埃德·索伊斯特（Ed Soyster）做证。现场笔录于两个月后公之于众。索伊斯特和杜林被质询这项计划的有效性时，他们这样说。

中校埃德·索伊斯特： "这项计划最困难的部分就是试图量化我们的成果。"

丹尼斯·J.杜林： "基于我所见的材料，我认为这个项目只产生了微不足道的影响，不过专家们也就这一点各执一词。"

尽管如此，杜林还是支持了这项计划。

丹尼斯·J.杜林： "如果一个顾问想阻止我从 A 点到 B 点去做某事，我宁愿他用暴雨而不是炸弹来阻止我。坦白说，如果这项计划可行，那么在这种情境下看其实是非常人道的。"

并不是所有人都认同杜林。在约翰逊政府的管理层，国务院的许多官员都表示反对，原因是担心天气变化会带来"非同寻常的折磨"，以及对生态系统造成不可预见的损害。

美军在越南的计划曝光后，天气的武器化便成为《禁止为军事或任何其他敌对目的使用改变环境的技术的公约》（或称 ENMOD）的约束对象。这项公约于 1978 年生效，明令禁止"在持续几个月时间内"，在"方圆几百平方千米"的范围内进行具有攻击性的环境改变活动，致使"人类生命、自然和经济资源或其他财产受到严重或重大的破坏或伤害"。一些人批评 ENMOD 的拟定，认为这默许了短时间小范围的环境操控。另外，这一公约也没有阻止军事策略家设想出一个把天气变成武

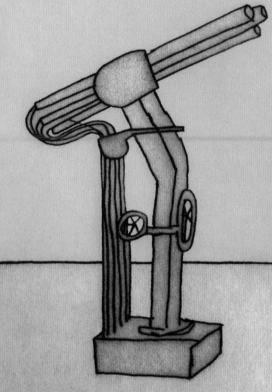

威廉·赖希的破云器

（Wilhelm Reich's Cloudbuster）

奥地利精神分析学家、弗洛伊德的门徒威廉·赖希会使用裸体按摩等治疗技术。他还发明了破云器，一种收集宇宙能量的金属管子，据说可以控制降雨。

器的未来社会。

网上有一份流传较广的文件，是 1996 年一个题为"天气作为力量倍增器：在 2025 年掌握气候"（Weather as a Force Multiplier: Owning the Weather in 2025）的研究。这篇论文是接到"空军一位重要长官"的指示所撰写出来的。文章的作者们设想了一个未来，"天气改造能提供前所未有的战略主动权"。

文章开篇描绘了一幅未来场景：

试想在 2025 年，美国正在南美打击一个富有、牢固且具有强大政治影响力的贩毒团伙。这个贩毒团伙购入了上百件俄罗斯制造的武器，成功阻挠了我们攻击他们的制造设备的企图……气象分析显示，赤道附近的南美

冰雹大炮（Hail Cannons）

冰雹大炮标榜的是，能够通过大气冲击波阻挠冰雹降落。长期以来，它们都被应用在酿制葡萄酒的区域，因为葡萄丰收期间容易被冰雹砸坏。不过，这台大炮的真实效果存在争议。

洲一年到头每天午后均有暴雨。我们的情报已确认，贩毒团伙的飞行员不愿意在暴雨中或者靠近下暴雨的区域飞行。因此，总司令部（CINC）的空军作战中心（AOC）的一部分，也就是我们的气象武力支援部队（WFSE），肩负着预测雷雨轨迹以及在指定目标地点引发或加剧雷雨的重任，目的是迫使敌人使用飞行器抵抗。到了 2025 年，我们的飞行器就会具有全天候作战能力，暴风雨对我方的威胁极小，并且我方可以有效且果断地控制目标上方的天气。

文章继续写道，到了 2025 年，美国将能利用大把武器化的天气装备，包括可以驱散雾的激光射线、可以防御闪电的飞行器，还有完成播云任务的无人机。我们可以投射虚拟天气迷惑敌方。"降雨增强"攻击能冲毁通信线路，打击敌方士气。

自然，一部分社会人士永远都不愿意审视像天气改造计划这样极具争议性的话题，这个领域带来的军事应用被我们无视了，代价是把我们自己置于险境。通过小范围改造自然天气模式加强友方的行动或是阻挠敌方的行动，从而取得全球通信的主导位置，并获得空间对抗的主导权，天气改造计划为作战人员击败或胁迫敌人提供了非常广泛的选择。

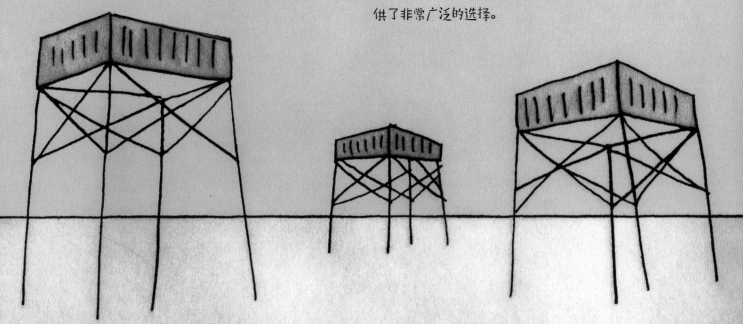

查尔斯·哈特菲尔德的造雨塔（Charles Hatfield's Rainmaking Towers）

20 世纪早期，缝纫机推销员查尔斯·哈特菲尔德造了一台藏着一堆秘密化学混合物的蒸发塔。他向别人推销说，这几座塔是一种造雨装置。"我不像其他人一样用炸弹或其他爆炸物来对抗自然，"他说，"我用精巧的方法追求她（自然）的青睐。"1915 年，圣迭戈市政局雇用了哈特菲尔德，让他帮助填满已经干了的蓄水池。但随之而来的降水带来了洪水和数百万美元的损失，也引发了第一场关于天气改造的诉讼。哈特菲尔德的故事成为 1956 年电影《造雨人》（The Rainmaker）的灵感来源。伯特·兰开斯特（Burt Lancaster）扮演了斯塔巴克（Starbuck），一个身穿紧身衣的圆滑之人；他来到饱受旱灾困扰的西南小镇，提议给他 100 美元酬金就能帮助造雨，还勾引了一位老姑娘（由凯瑟琳·赫本扮演）。

从越南回国后，本·利文斯顿被授予了海军荣誉勋章。嘉奖勋表里说，利文斯顿参与搭建了"一个武器系统"，并赞扬他"不懈""不屈服""对职责有坚定的信念"，这一切都帮助"这项计划出色地完成"，对"美国这一波独特且重要的作战力量的发展起到了关键作用"。空军授予他空军奖章，褒奖"他出色的飞行技术和勇气……飞临极度危险的地面火灾之上时，也成功地完成了重要的任务"。

1969 年，利文斯顿从海军退休，开始构思和平时期改造天气的装置。他搬到科罗拉多州的阿拉莫萨，在那里设计了一个特别的给牛进行加压治疗的中心，治疗那些在高海拔缺氧后出现不适的牛。与此同时，他也开始了自己的商用播云生意，成立了圣路易斯山谷天气工程公司（San Luis Valley Weather Engineering, Inc.）。

本·利文斯顿："那时我正在为康胜啤酒厂（Coors Brewery）出飞行任务，我们的任务是在大麦发芽时期尽可能地造雨，然后，在发芽之后，一段时间内我们要试图阻止下雨。这样，康胜公司所用的大麦长成时能带有明亮的琥珀色光泽：（我们的任务就是）造雨造到7月4日，再从7月5日开始直到丰收都要防止雨云形成。"

时至今日，全世界大约有40个国家都在开展天气改造计划。泰国有农业与合作社部。希腊的国家冰雹抑制计划近几年来也为保护农作物免受损害而对抗了多次天气状况。2013年，《雅加达全球报》（The Jakarta Globe）报道，印度尼西亚科技评估与应用局将尝试使用播云技术来控制首都的洪水。不过，科学家对这项计划的有效性和道德性仍然存疑。

有别于意在对抗全球气候变化而设计的地球工程学，这些天气改造活动的目标在于短期的、本土化的结果。在美国，每个州都往天气改造计划和无数提供改造天气

服务的私人公司投入资金，但是联邦政府不再支持这些活动。

本·利文斯顿相信，我们正在错失利用天气改造来预防灾难性风暴活动的机会。

本·利文斯顿："2004年，我给自己放了一个假，去走访我当时在军队认识的那些被认为很有感染力和鼓动力的人。我试图说服他们，我们需要耕云播雨，在墨西哥湾岸区或是其他什么地方控制天气，防止恶劣天气造成损失。你也知道的，新奥尔良这种地方。我四处奔走，到处做工作。我也去了开发播云技术的冰晶工程公司（Ice Crystal Engineering），那是在北达科他州的法戈市。飞行器已经准备好了，人手和装有催化剂的弹药以及其他所需也都准备好了。然后我去了华盛顿特区，给华盛顿特区的每一位参议员写了信，告诉他们我的计划。天哪，他们完全不想碰这个事情。他们能想到各种各样的理由劝说我不应该和自然作对，你知道吗？他们给出的主要理由是，我不能确定实施后的效果。但那并不属实。"

在访问华盛顿特区的同一年，本·利文斯顿自费出版了《莱夫利博士的最后通牒》(*Dr. Lively's Ultimatum*)。这是一部关于天气控制的小说，主人公的原型就是他自己。"我就是书中的莱夫利博士。"利文斯顿说。这是一个自吹自擂又有些低俗的故事。肯·莱夫利博士 (Dr. Ken Lively) 是一个有话直说的云物理学家，之前在海军服役，越战期间负责管理美国造雨计划。他有一位性感的秘书，而他自己还多长了一颗牙。随着故事情节的展开，读者得知莱夫利博士最大的秘密计划：控制天气，拯救世界免遭巨型流星雨（被称为"豆腐"TOFU）以及其中有毒碎片云的侵害——这是一场人和自然之间史诗般的对决。

莱夫利博士："我们的任务是防御这种致命的毒云，驯化它，使它变得衰弱，最终当它向西穿越大西洋朝南美进发的时候——毁灭它……我们把碘化银生成器扔进这些假云朵顶部，目的就是把它变成倾盆大雨。"

时间所剩不多了。碎片云移动得非常快。一位病毒学家怀疑莱夫利博士的计划，所以他打破安全协议，决心使用一颗原子弹来攻击碎片云。莱夫利和他的部队马上跳进配备了特别装备的里尔喷射机开展行动。在故事的最高潮部分，他们把重达 350 多千克、装满硼 / 硝酸钾的木桶扔进了正在迅速闭合的残片毒云。

"即刻出现了强光，闪现出了彩虹的每一种颜色，随后融入了一个像太阳似的炫目火球。出现闪光的那一瞬间，驾驶舱的这些人就像一台巨大老式照相机灯泡里的灯丝。搭乘喷射机的三位队员都通过头罩上方深绿色的遮阳板，见证了棕色的云朵变得比太阳还亮，再变成蓝绿色的过程。碎片云从上至下被引爆，这些体积巨大的气体和被烧毁的残渣被吸入云朵的中心……气体的激烈冲击连同向着爆炸的云朵中心浮动的残骸，一起制造出雷鸣般的怒吼。之后，这叛变的云朵和温暖的海洋空气冲撞，并向上冲击，发出一阵刺耳的霹雳声响。"

成功了。

"连续的强光和强风结束后，

天空变回了翠蓝色。又成了一个普通的晴朗早晨，就和这一系列事件开始之前一样。"

本·利文斯顿："我在农场长大，养成的坏习惯就是和其他的男孩子一起去偷西瓜。"

"我们会在晚上出击，从某些农户的瓜田里偷瓜。

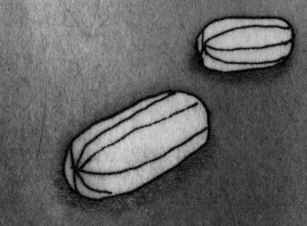

"我告诉了我爸，因为我觉得这实在太蠢了。为什么我们不改变现状，让想吃西瓜的人就能拿到西瓜呢？他觉得这是个好主意。所以我们在路边种了几排西瓜，人们路过的时候可以想拿就拿。

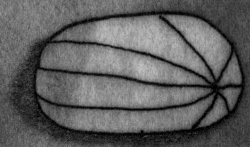

"任何植物的生长过程中，都有一个最佳生长期；在此期间，植物会比任何时候都更好地吸收雨水中的养分。种了很多西瓜之后，如果瓜苗的最佳生长期不下雨，未来西瓜就会长得比较小，不过会更甜。所以，老天不遂你愿地下雨，也不总是坏事。当然，我这句话仅就种西瓜这件事来说。"

第十章

盈 利

"**我**之所以到林中去生活是因为我希望谨慎地生活，面对人生的基本现实，看看自己能否学到生活必定会教给我的东西，以免临终时才发现自己原来没有生活过。"亨利·大卫·梭罗这样写道，"我要深入生活，吸取生活的全部精髓；我要坚强地、像斯巴达人一样地生活，以摆脱所有与生活无关紧要的琐事；我要开辟一个广阔的天地，将其修整完善；我要生活在一个角落里，将生活所需降到最低限度。如果生活证明了它自身的平庸，那么就全面和真实地认识它的平庸，然后将其公布于世；如果生活是壮丽的，就要从实践中认识它。"

* 亨利·大卫·梭罗 . 瓦尔登湖［M］. 刘绯，译 . 北京：北京联合出版公司，2020：86-87.

175

你也许还记得中学时读过的这些段落，又或者在《死亡诗社》这部电影里听过。深深地吸取生命的精髓，紧靠着自然生活，把社会的一切重担抛在脑后。1845 年，梭罗正是抱着这样的信念，在马萨诸塞州康科德的瓦尔登湖边建了一座小屋。两年时间，他记录下自己的想法和观察。他聆听三声夜鹰（whippoorwills）的颤声、牛蛙的咕哝、潜鸟的"怪笑"。他记录季节的变换：春天"这新生之年的婴孩期中各种初生的柔和现象"，秋天枫叶变成猩红。还有冬天临近时下降的温度。

"水波荡漾的湖面能够反映出一切的明暗，对任何气息都极为敏感。每年冬天湖面都结起了一英尺或一英尺半的坚冰……先拂开一英尺深的雪，再凿开一英尺厚的冰，我在自己的脚下打开了一个洞，于是我俯下身去饮水。此时我望到了鱼儿穿梭的走廊，那里充满了柔和的光线，就如同透过磨砂玻璃射入的一般。"*

梭罗并不是唯一注意到瓦尔登湖结冰的人。一个名叫弗雷德里克·图德（Frederick Tudor）的男人也在观察康科德这里冻结的湖面——并从中看到了一大笔现金。**

* 亨利·大卫·梭罗. 瓦尔登湖［M］. 刘绯，译. 北京：北京联合出版公司，2020：27
** 原文为 cold cash，意为"大量可用的现款"，在这里一语双关。——译者注

　　图德是"波士顿婆罗门"一位法官的第三个儿子。这位法官曾为约翰·亚当斯（John Adams）工作，也曾与乔治·华盛顿（George Washington）并肩作战。弗雷德里克·图德没有追随父亲和哥哥的脚步进入哈佛大学学习，13 岁就辍学了。1805 年，21 岁的图德有了一个生意计划。他要从新英格兰地区冰冻的湖面上取冰，然后运到千里之外的热带。在那里，大块大块的冰被作为佳肴和药品出售。他相信，自己"必然"会得到丰厚的收益。

　　图德的计划遭到了嘲笑，当时距离大规模机械制冷还有遥遥百年之余。他的父亲认为，这个主意"轻率且无法实施"。《波士顿公报》（Boston Gazette）在第一批冰块货运出海的时候发布了新闻，并附带了一条免责声明："绝非戏言。一艘载有 80 吨冰块的货船已经出港，驶向加勒比海的马提尼克岛（Martinique）。"

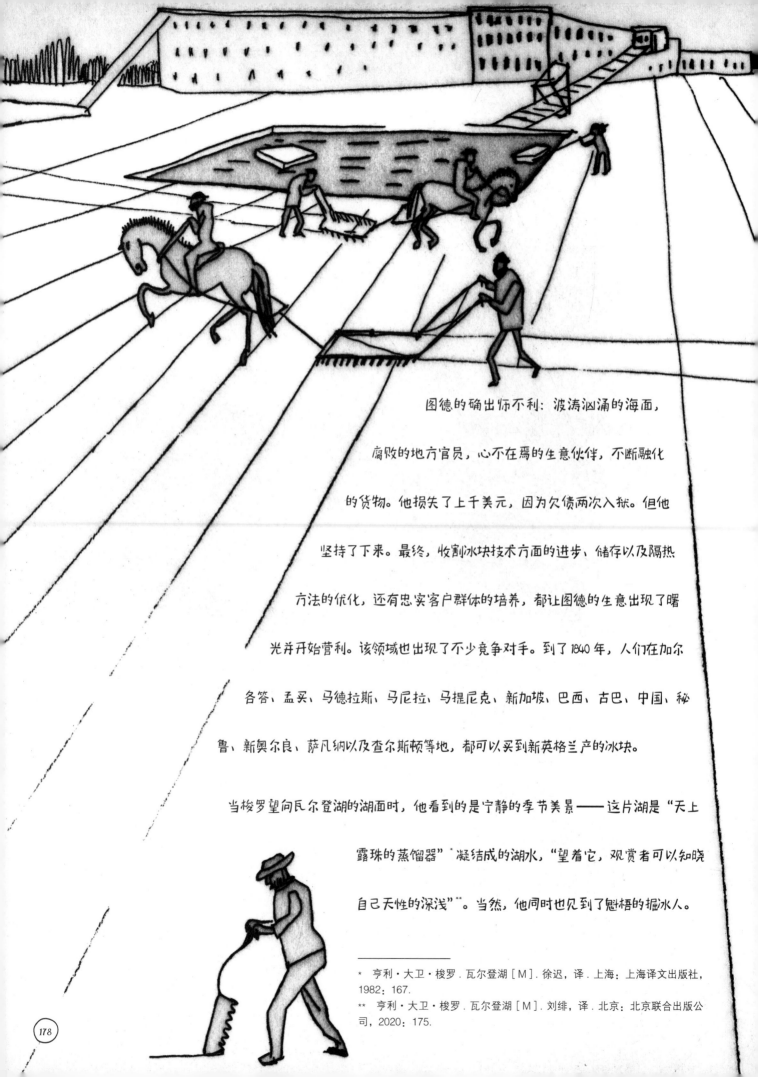

图德的确出师不利：波涛汹涌的海面，腐败的地方官员，心不在焉的生意伙伴，不断融化的货物。他损失了上千美元，因为欠债两次入狱。但他坚持了下来。最终，收割冰块技术方面的进步、储存以及隔热方法的优化，还有忠实客户群体的培养，都让图德的生意出现了曙光并开始营利。该领域也出现了不少竞争对手。到了1840年，人们在加尔各答、孟买、马德拉斯、马尼拉、马提尼克、新加坡、巴西、古巴、中国、秘鲁、新奥尔良、萨凡纳以及查尔斯顿等地，都可以买到新英格兰产的冰块。

当梭罗望向瓦尔登湖的湖面时，他看到的是宁静的季节美景——这片湖是"天上露珠的蒸馏器"凝结成的湖水，"望着它，观赏者可以知晓自己天性的深浅"。当然，他同时也见到了魁梧的掘冰人。

* 亨利·大卫·梭罗. 瓦尔登湖［M］. 徐迟，译. 上海：上海译文出版社，1982：167.
** 亨利·大卫·梭罗. 瓦尔登湖［M］. 刘绯，译. 北京：北京联合出版公司，2020：175.

　　梭罗："事实上，这百余号人是爱尔兰人，他们被一个新英格兰人驱使每日从剑桥来此取冰……那些人告诉我，若是顺利，他们一天可产一千吨的冰，其价值相当于一英亩地的生产……偶然间，这样的一些冰块从采冰人的雪橇上滑下，落到村里的街道上，在那里躺上一个星期，就好似一块巨大的绿宝石。"*

　　1884 年，历史学家詹姆斯·帕顿（James Parton）描述了冰块的运输：

　　"在驶向印度东部的旅途中，冰块要在海上漂四到五个月，穿过 2.5 万千米的海水，两度跨越赤道；到达后，冰块会贮存在巨大的有双层墙壁的屋子里。这些房屋都有四到五层独立的屋顶。人们一般会选择在 32℃ 到 37℃ 或 38℃ 的天气里把冰块装进去。尽管如此，即使是最偏远的热带港口，也能保证一整年每天都有冰块供应……船一般都在 1 月冷空气骤降的时候装满，此时，船中容器里的水会结冰，整艘船都灌满了最冰冷刺骨的空气。这些闪闪发光的冰块各厚 60 厘米，人们会忍着零下的气温通过铁路，极其快速地把冰块从湖边运到船上。冰块包在木头锯末里，这些锯末的用途和石墙里的砂浆差不多。冰块的最上层和船的甲板中间，有时会铺上一层打包得很紧实的干草，有时候会是一桶苹果……运冰船行抵加尔各答的场景令人心潮澎湃。此时还远不会招募当地人来搬运冰块。据传说记载，这些人会心惊胆战地跑开，因为他们认为冰是受到诅咒、充满危险的物品。不过现在他们会排着长队等待上船，每个人用头顶着一块大冰块，搬到附近的冰房里。他们转运的速度极快，这些冰块暴露在空气中的时间不过几秒……在波士顿不超过 4 美元就能买到的冰块，在这里值 50 美元。"

　　梭罗："看来，查尔斯顿、新奥尔良、马德拉斯、孟买和加尔各答那些挥汗如雨的居民都要到我的水井中饮水了……纯净的瓦尔登湖水与圣洁的恒河之水混合在了一起。"**

* 亨利·大卫·梭罗. 瓦尔登湖［M］. 刘绯，译. 北京：北京联合出版公司，2020：175.

** 同上，286.

美国企业家把冰块买卖做成了产业。不过，人们储存和出售冰与雪的历史，已经长达好几个世纪。在 4 000 年前的美索不达米亚，那时的人们把冰块从冬天储备到夏天使用，有专人看守，戒备得像现在的银行金库一样森严。

美索不达米亚的富人贪求冰块，因为他们喜欢冷饮。在炎热的日子里，古代的雅典人会买拌着蜂蜜和水果的雪。罗马人用骡子从埃特纳山（Mount Etna）上把雪驮下来冷酒，他们会把雪贮存在山洞里。根据历史学家费尔南·布罗代尔（Fernand Braudel）的研究，15 世纪的朝圣者看到叙利亚夏日艳阳下的"满满一袋子雪"后十分惊奇。据传，1900 年 7 月，一名教子受洗的时候，维多利亚女王从温莎城堡的冰房里取来一桶桶冰块，放在宾客的座椅下面，很有可能还放在她那条像小帐篷一样的黑裙子下面。

天气以冰雪之形变成实体，就像小麦、盐和咖啡一样，是可以买卖的物品。

1997 年，美国安然公司（Enron）做成了第一笔衍生自天气的生意：为一家公共事业公司提供针对不利温度的风险对冲。一种假设的天气变成了商品。今天，天气衍生品是市值 120 亿美元的市场。在充满投机的环境中，未来天气的不确定性制造了价值，提供了风险和回报。

美国气象学会 2011 年发表的一篇论文计算，2008 年的天气对美国经济的影响达到了 4 850 亿美元，占当年美国全年国内生产总值的 3.4%。其他研究把天气对经济的影响估计得更大，约占全年国内生产总值的 1/3。

布拉德·戴维斯（Brad Davis）是天气保障有限公司（MSI）的主席。这是总部位于堪萨斯州欧弗兰帕克（Overland Park）的一家天气风险管理公司。该公司出售天气保险和天气衍生品。

布拉德·戴维斯："从财务方面来说，有些人喜欢坏天气。铲雪的人希望有暴风雪。卖伞的人希望下雨。

"电力公司希望夏天非常热。如果你希望 7 月的平均温度在大概 37℃ 的样子，那你也许可以买一份保险，这样如果 7 月平均温度只有 29℃ 的话，你就能获得补偿。

"建筑公司的人大概不会在乎夏天有多热，反正天气再热工人也要工作。但是他们比较担心下雨。如果 6 月到 9 月出现密集降雨的话，他们的工期就会被耽误。从事这种产业的人会买另一种保险，这种保险会保证：如果那段时间出现密集降雨的话，他们能获得补偿。

"天气能影响到全天下所有的事物，这些状况也都能被各种天气衍生品及相关服务覆盖。你购买的是收款的权利，我们卖的是付款的义务——这是天气状况发生与否造成的一笔款项。严格意义上，我们无法保证天气，但是我们能为你拟出合约，使你在天气不如人意的时候在财务方面比较安心。"

与天气相关的保险向来被用于抵御灾难，无论是洪灾、龙卷风，还是飓风。天气衍生品能保证减轻不那么突发的形势所带来的负面影响，使日常温度变化不会影响到一门生意能够承受的收益底线。它们还能被利用成投机工具：虽然保险提供损害赔偿，但天气衍生保险的购买者可能意图获得比赔偿更多的回报：利用天气营利，无论天气好坏。

社会批评人士指出了人们占天气便宜的另一些手段。作家、社会活动家娜奥米·克莱因（Naomi Klein）创造了一个词，叫作"灾难资本主义"（disaster capitalism），用来描述在新奥尔良遭受"卡特琳娜"飓风之后，那些一窝蜂投入灾后重建牟取暴利的企业家。

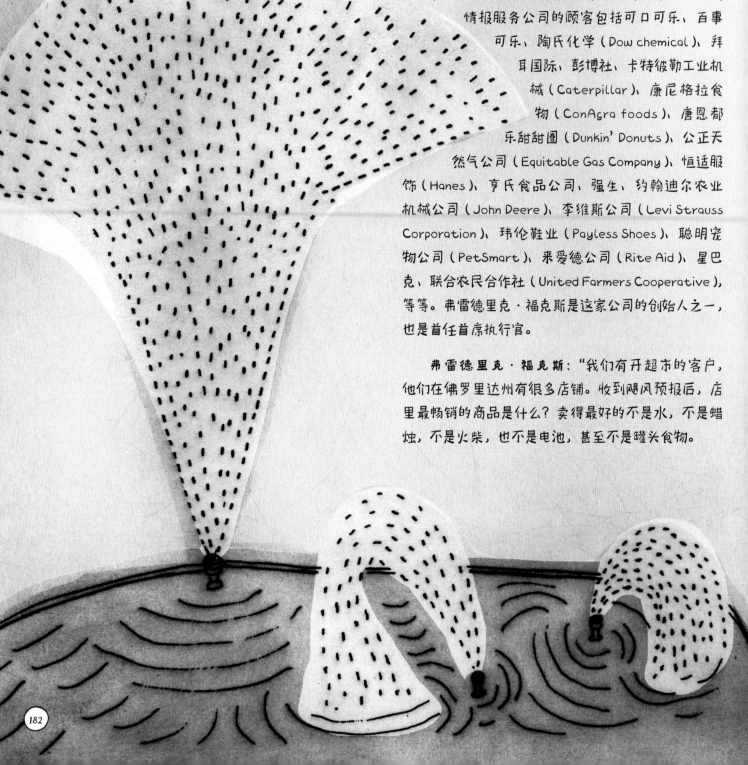

天气情报服务公司（Planalytics）的园区建在宾夕法尼亚州的伯温市（Berwyn），就在福吉山谷（Forge Valley）国家历史公园通出来的一条路上。1777—1778年，乔治·华盛顿将军的大陆军曾经在这个国家公园忍受了严酷的寒冬。

公司停车场附近的地上种满了郁金香、桦树和杨柳。

三座喷泉在绿池子里喷涌，汩汩作响。

天气情报服务公司为客户提供"商业天气情报"，"那些可以转化成行动的信息，都是公司需要理解并优化天气对他们生意所产生的影响的"。

天气情报服务公司交叉比对销售数据和天气记录，搜寻了可能并不是那么直观或明显的联系。一旦识别出，温度或降水概率（或任何其他气象现象）和顾客行为之间的相关性就能被转化成商业策略。天气情报服务公司的顾客包括可口可乐、百事可乐、陶氏化学（Dow chemical）、拜耳国际、彭博社、卡特彼勒工业机械（Caterpillar）、康尼格拉食物（ConAgra foods）、唐恩都乐甜甜圈（Dunkin' Donuts）、公正天然气公司（Equitable Gas Company）、恒适服饰（Hanes）、亨氏食品公司、强生、约翰迪尔农业机械公司（John Deere）、李维斯公司（Levi Strauss Corporation）、玮伦鞋业（Payless Shoes）、聪明宠物公司（PetSmart）、来爱德公司（Rite Aid）、星巴克、联合农民合作社（United Farmers Cooperative），等等。弗雷德里克·福克斯是这家公司的创始人之一，也是首任首席执行官。

弗雷德里克·福克斯："我们有开超市的客户，他们在佛罗里达州有很多店铺。收到飓风预报后，店里最畅销的商品是什么？卖得最好的不是水，不是蜡烛，不是火柴，也不是电池，甚至不是罐头食物。

"卖得最好的是炸鸡。水当然卖得很好，不过炸鸡？开玩笑吗？但是数据就是这么显示的。所以这个客户希望在飓风来临前有几天准备时间，能去佐治亚州和南卡罗来纳州的炸鸡店下单，保证他们有充足的炸鸡储备。

"超市根据暴风雪预报来卖东西。没人想损失下雪那几天的客流。什么才叫完美的暴风雪呢？就像即将袭击东海岸的飓风一样：销量一下子提高；之后如果风暴从海面离开，就皆大欢喜了。没人受伤，飓风也没有阻碍人们购物。

"我们来看看男女靴子的销售情况吧。九十月份，空气中浮现第一丝凉意的时候，女靴的销量就节节攀升。每年那个时候，美国的天气总体还是很好的。男靴销量不会有什么变化，得等到更晚的时候。10月底或者11月的时候，天气真正变冷了，而且很潮湿，男士的袜子这个时候老是湿掉。

"比方说，看看坦帕和迈阿密两地的人口统计：佛罗里达州那一块地区的天气不错，既晴朗又温暖。坦帕的销量会上升，迈阿密的会下降。如果下雨，迈阿密的销量会变好，坦帕的会下降。这是怎么回事呢？这两个城市之间的距离不过几小时车程，他们共享一个天气系统，而且气温都差不多，怎么才解释得通？迈阿密的居民普遍比较年轻，天气好的时候他们喜欢出门，天气不好的时候在家网购。在人口平均年龄（像坦帕一样）偏高的地方，那里的人不会在下雨天出门购物。不过，住在西雅图的人下雨天也会购物，因为全年就没有几天放晴的日子。每每出现这样的好天气，大家都觉得很稀罕。所以他们会出门游玩，而不是花钱买东西。

"你知道去年（2010年）纽约大多数经销商的春季销售是什么时候启动的吗？4月。今年呢？2月底。差不多差了五到六周吧。这是很大的差别。对销售季来说，这简直是地震般的变化。今年东部地区的春天

来得早，2月就暖和起来了。这就会驱使销量较早提高，也让数据看上去很美。这种影响可比任何一种飓风来袭都大得多。经济学家和其他市民众口一词道：'哦，经济开始复苏了。'但是晚春的天气还是不尽如人意，所以现在出现了滞销。因为之前销量比较好，你就会听到人们说：'经济本来回暖了，现在又进入了严冬。'而我们这群人就会袖手旁观，因为照我们的说法：'这种现象和天气息息相关。促进每一家店销量的是每周的天气或冷或热的微妙变化。'

"为什么以色列人最后会来到埃及？倒不是因为他们喜欢棕榈树，而是因为干旱。雅各和他的孩子挨了饿，所以他们搬去了埃及。约瑟预言了旱灾，法老听了他的话，把整个农场的收成都押在他身上。他们建造了谷仓，而谷仓也给他们带来了极大的权力。

"有备无患。老话是这么说的。我们今天要做的就是用客户能理解的方式为他们预警，具体以出售单位、美元、余量、库存来表示，这些也的确是我们后续需要追踪的数据。

"对约瑟来说，预言能力是一种极其强大的力量。今天，这种力量仍然存在，这就是信息时代的意义。我们只是从像天气一样无处不在的东西里取得一小块信息，并将这块信息应用在一些适用的领域中。"

在瓦尔登湖畔，

梭罗住在拉尔夫·瓦尔多·艾默生的领地上。

1847 年 3 月，艾默生在写给梭罗的一封信里提到了冰块贸易

对他领地价值的影响：

"我对自己在瓦尔登湖边的小木屋会升值这一点，并不是不抱希望的；不过前几周杜德先生带着
一大帮爱尔兰人涌入我们的地盘，从湖中取走了一万吨冰。如果这个现象继续下去，他会败坏那片
地产中我珍视的那些部分，到那时候我会很乐意把这个地方出手。"

变幻莫测的天气和科技进步使得艾默生不必再为这个问题焦虑。机械制冷从 19 世纪 60 年代起已经开始悄悄盈利。到了 19 世纪 90 年代，蒸馏、净化、冷冻技术已经成熟，从而击败了天然掘冰产业。制冰商开始到处宣传，声称天然冰里含有"肠道病菌"，会导致伤寒和其他病症。冬季气候的不稳定也使得天然冰供应不可靠。1906 年，《纽约时报》发表报道：

> "除非纽约能在接下去的六周内迎来足够的冷空气，
> 要不然我们要在剩余的夏日里面临冰旱了。"

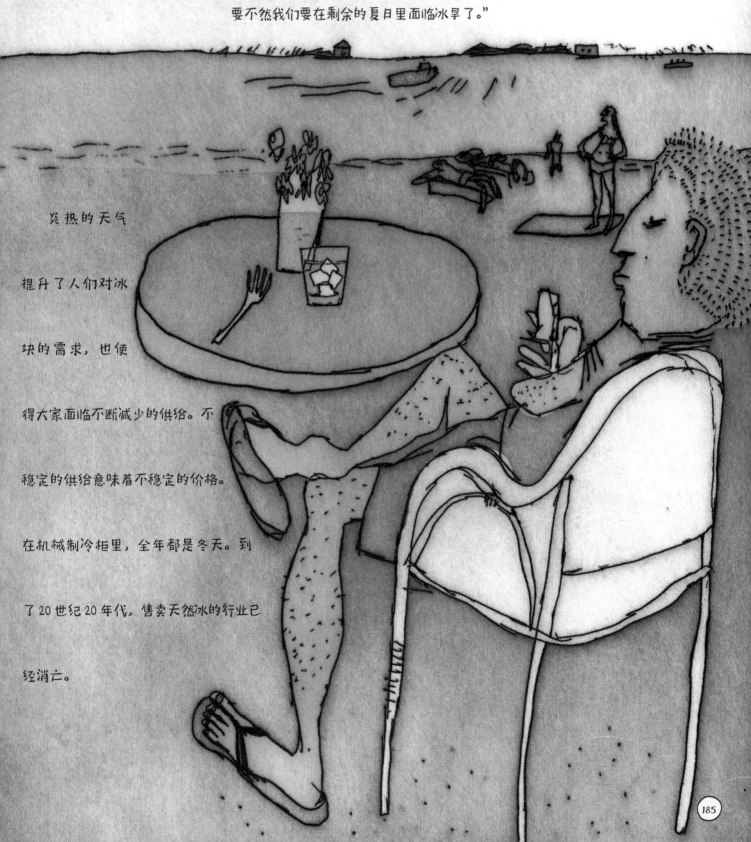

炎热的天气

提升了人们对冰

块的需求，也使

得大家面临不断减少的供给。不

稳定的供给意味着不稳定的价格。

在机械制冷柜里，全年都是冬天。到

了 20 世纪 20 年代，售卖天然冰的行业已

经消亡。

第十一章

享 乐

并没有坏天气一说，只有不同类型的好天气。

——约翰·罗斯金〔John Ruskin（1819—1900），英国维多利亚时期的艺术评论家〕

飓风"艾琳"和"桑迪"来袭时，纽约客们纷纷在 Craigslist.com 网站上发布许多私人广告，想借暴风雨来临之际寻找漫溢浪漫和鱼水之欢的庇护所。

"如果飓风会毁灭纽约城的话，就让我们一起见证吧;) 30 岁男征女（皇后区、布鲁克林、曼哈顿、布朗克斯，地点不限）: 如果天气预报准确的话，飓风"艾琳"会把纽约搞得一团糟……我打算找一个最好的地方，能让我在这个周日的早晨和一个漂亮姑娘一起看飓风。如果你就是那个人的话，联系我吧。"

"窗外飓风肆虐的时候云雨一番得有多刺激？要我说那是非常……快，'桑迪'要来了!"

"我们刚在苏豪区疏散中心见过——38 岁男征女：我知道你也许永远看不到这条，不过我不在乎，因为我就爱玩该死的浪漫，特别是在飓风疏散的时候……你是我见过的最让人惊艳的女孩……如果我们能活过这一劫，我会记得我们一起流着泪水，紧紧抓着政府发给我们的芝士块的那些片段。"

189

本杰明·富兰克林是空气浴的倡导者。空气浴就是，裸着身子坐在开着的窗户前。"我几乎每天早起，什么衣服也不穿，就坐在我的房间里，花半小时或一小时（根据季节）读书或写作。"在蒙古沙漠的沙暴中，美国自然历史博物馆的首席古生物学者马克·诺雷尔（Mark Norell）以另一种形式享受着富兰克林的大胆仪式："脱掉衣服，站在那里。沙子吹过你的身体，制造了静电。你被群沙攻击，毛发直立。"

欧洲小冰川期时，河流和运河冻结，冰面上会出现临时的狂欢城市，威尼斯、阿姆斯特丹和伦敦都有这样的"冰上游园会"。其中包括放狗斗牛和斗熊、赛马、射箭、木偶戏、音乐演出、足球赛之类的活动，还有盛宴、好酒和妓院。一首17世纪的诗歌这样描述伦敦的冰上乐园："冻冰之上有这样多稀奇古怪的东西／诱人相信泰晤士河是天堂。"

天气报告能提供的不仅仅是信息。英国广播公司电视台四

号电台播报的"航运预报"每四小时会更新一次海洋天气预报。

一代又一代的英国人，在那令人平静的韵律中得到心灵的慰藉。

"世界上有哪种语言的任何表达能和航运预报的诗意相媲美？"

一位《卫报》的供稿者这样问道，"播报员的声音……如上帝一

般，全知、平静……保护你远离世界上的暴力……‘罗科尔岛，

赫布里底群岛，西南8级大风到10级狂风，逆时针转为南风，9

级烈风到猛烈的11级暴风。下雨，然后是多飑骤雨的天气……

法罗群岛，冰岛东南部。7级北风到9级烈风，偶尔10级以上狂

风。大阵雪。’用平静的语气描述广阔与狂暴：这才是诗歌。"

降落的雪花会干扰声波，限制它们的传播距离，营造出一种随暴雪而来、蒙住了声音似的宁静。地面上的新雪蓬松多孔，进一步把声音收进这些小气袋。温度能增加吸音效果：声音在温暖的空气中传播得快一些。下雪的时候，靠近地面的空气一般比高处的空气更温暖，弯曲的声波向上运动，传播进入大气层，渐渐离开人的听力范围。"下了一周的雪，"杜鲁门·卡波特（Truman Capote）在 1945 年的作品《米丽亚姆》（"Miriam"）中写道："车轮和脚步在街上无声地移动着，生存这一门营生，似乎在苍白而无法穿透的幕布后偷偷进行着。"

"他们现在必须跑起来了，还没到家就全身湿透了。闪电和雷声还在继续，雨水打在沿途的路上，也打在家对面储物棚的茅草屋顶上，又似乎如烟似的飘浮起来。有时，雷声好像远在天边，在云的上方；另一些时候，它们听起来又近在街道尽头。不过几分钟前，这还是可爱的一天，蓝蓝的天空，优雅庄重的云朵像覆满雪的岩石一般，几乎一动不动；现在天变得沉闷，铅灰色覆盖了一切。过了一小时左右，天色变淡了些，又过了一小时，他们有幸见到暴雨云的离开，黑色的边缘闪耀着太阳金色的光芒。他们能不时听到尚未褪去的风暴，尽管雷声并不那么响亮；最后，暴雨已经走得那样远，以至于打雷时只有低而沉闷的隆隆声；之前那些云看起来那么怒气冲冲，现在一切都结束了。它们闪着亮光，看起来像是藏着悬崖和深邃洞穴的雪山。一家人都注意到空气变得如此凉爽怡人，如此平和；他们欣赏着新草，看着它们清新又闪亮地萌芽，还有树的新叶与阳光中的花朵；他们欣喜地嗅着雨后土壤的气息。"〔《园丁亚当》（Adam the Gardener），查尔斯·考登·克拉克（Charles Cowden Clarke），1834 年〕

干燥的天气里，油脂会在石头和植物表面集聚。雨水冲刷了这些油脂，随之在空气中释出一股清新的泥土气息。1964 年，矿物学家伊莎贝尔·乔伊·贝尔（Isabel Joy Bear）和 R. G. 托马斯（Richard G. Thomas）在《自然》杂志上发表了一篇文章，他们为这种味道创造了一个新词：雨过土香（petrichor）。petr- 指的是岩石或石头，ichor 是希腊神话中流淌在众神血管中的琼浆般的液体。

我想要抓住一大团粉色云彩中的一朵，把你

放在其中，推着你走。

—— 弗兰西斯·斯科特·菲茨杰拉德

第十二章
预报

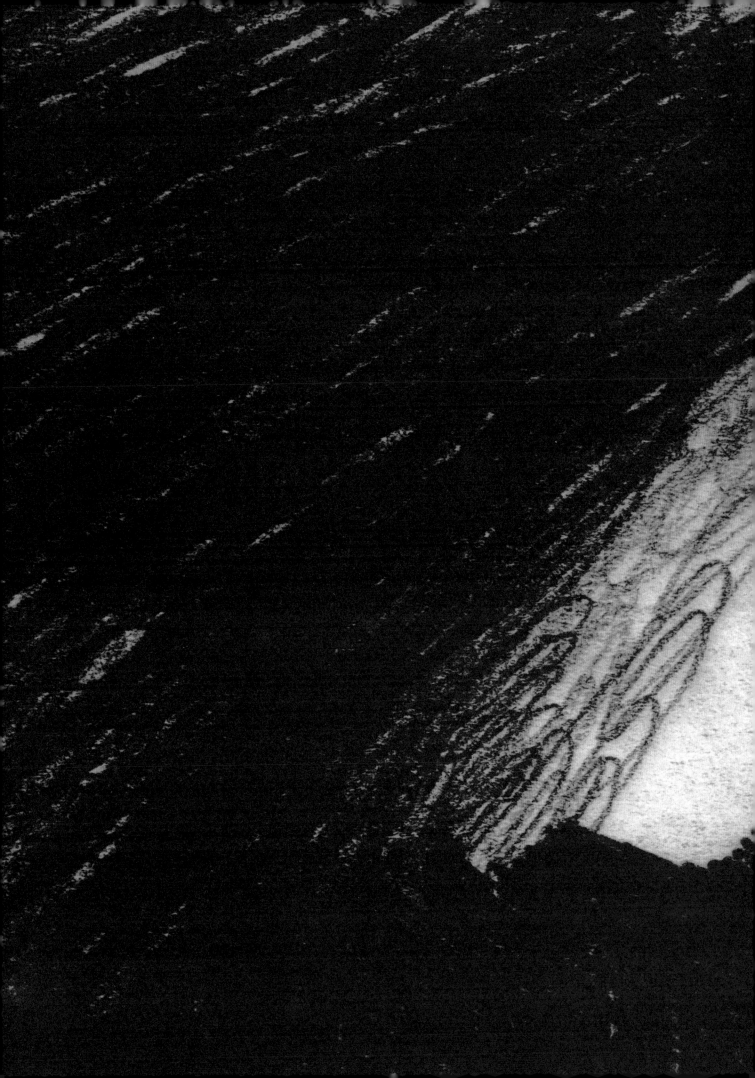

1953

年6月10日的早晨，杂货店老板查尔斯·戈卢布（Charles Golub），

带着4岁的女儿罗宾出门兜风。他想看看昨天龙卷风袭击故乡马萨诸塞州的

伍斯特市（Worcester）后，留下的一片狼藉。龙卷风旋转着经过伍斯特市，

历时大概一个半小时，有时龙卷风的宽度能达到1.6千米。这次灾害造成94人

死亡，导致15 000人无家可归。

有些废墟残骸甚至被吹到160千米

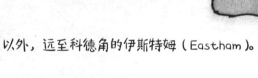

以外，远至科德角的伊斯特姆（Eastham）。

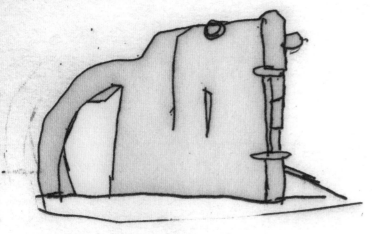

这个小女孩如今已然长大成人，关于那个早晨和父亲透过车窗见到的场景，现在留在她这里的只有零星的记忆。"我记得木材锯齿状的断裂口，还有被掀翻的屋顶，房子的一面墙被刮倒，往里看就能看到卧室。街上有（被吹出来的）床垫。有个我们认识的十二三岁的小女孩，龙卷风来的时候她正在关窗，她把身子探出窗外，结果，窗户突然被风砰的一声吹上，夹断了她的脖子。我记得大人们当时在谈论这件事。"

当年的6月6日，夏天还没有开始，伍斯特市的温度已经攀升到了不寻常的32℃，又在接下来的几天迅速降到23℃、24℃左右。中西部地区在遭受雷雨的考验；一连串龙卷风袭击了密歇根州和俄亥俄州。随着风暴系统向东推进，波士顿洛根机场的气象局预见了龙卷风活动在马萨诸塞州发展的可能。但是，"龙卷风"一词从未在新英格兰地区的天气预报中出现过。官员害怕这会带来恐慌，经过仔细讨论，他们决定：不发布警告。周二，当龙卷风盘旋进入伍斯特市的时候，公众毫无准备时间。

不过，有一份出版物声称它准确预报了龙卷风的到来，那就是每年9月出版的《老农历书》(The Old Farmer's Almanac)，它包含了美国国内全年的天气预报。1953年的一版登了一则预报，以《老农历书》标志性的韵诗对句的形式预报了6月第一周的天气："狂风大作，祸不单行。"根据那本书的预测，之后的天气会变得"很糟"。

龙卷风过后，读者们纷纷写信称赞《老农历书》。半个世纪后，这本杂志的编辑仍然会引用"狂风大作，祸不单行"这句话，来展现这份刊物在天气预报上表现出的惊人准确性。

《老农历书》已经做了220多年的天气预报，比火车和电力出现得更早。第一期杂志于1792年出版，那时的美利坚合众国只有15个州，总统还是乔治·华盛顿。

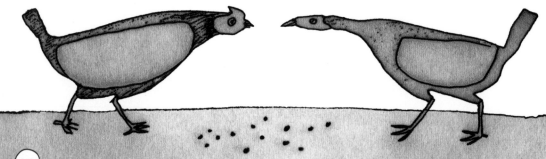

从中世纪开始，人们就陆续出版历书，记录日月星辰的移动轨迹。一般来说，这些书会收录潮汐时刻表、日出日落时间，以及新一年的天气预报。印刷《圣经》之前，约翰内斯·古登堡（Johannes Gutenberg）就印刷过一本历书。在早期美国殖民者的家里，通常能找到的书籍就只有《圣经》和历书这两本。历书提供了关于种植、收获和如何饲养牲口的最重要指导。此外，历书还提供家庭药方，也会列出驿站马车的时间表、重要道路，还有沿途旅店主人的名字。根据美国古文物研究学会已逝的理查德·安德斯（Richard Anders）的说法（他也是该学会庞大日历合集的编录人）："如果日历有一个无所不包的主题，那就是，如何安度人生。"

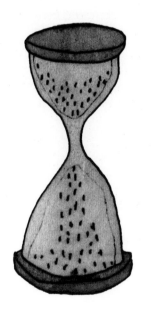

《老农历书》的日历页面包含了一系列常用信息，同时加入了新奇的元素。就连第一本（1792 年出版的 1793 年预报）发行时都在标题页注明：本书系"全新改版"。《老农历书》中零星点缀着格言和俏皮话，改变了本杰明·富兰克林在《穷苦理查德的历书》（Poor Richard's Almanack，这部历书在 34 年前已经停刊）中那种全知又枯燥的新英格兰人口吻。《穷苦理查德的历书》中对读者的训导包括"鱼和客人一样，三天之后就会发臭"，还有"心急吃不了热豆腐"。而在《老农历书》中，"贫穷的奈德"提供了这样的诚言，"爱与贫困不可兼得"。这两种历书都奉行节俭的美德，赞扬婚姻和审慎的好处。《老农历书》的承诺是，做一本"不仅实用，还具有不招人烦的幽默感"的历书。时至今日，它的左上角仍然有一个预先打好的孔，可以挂起来翻查。就像前任编辑贾德森·黑尔（Judson Hale）说的："这不是摆在书架上的书。"最近几年，《老农历书》的年印刷发行量大约在300 万册，他们还开通了脸书和推特等社交账号，开发了一些手机应用程序。

在 1806 年的历书中，创始人及编辑罗伯特·B.托马斯（Robert B. Thomas）给读者写了这样一句话："世界上没有任何事物像天气一样，能紧紧抓住所有人的注意力。"他列出了 7 条对天气预报来说"最重要的指标"：在此之前的天气状况、天空的可见颜色、云朵的形状、风向、风力、温度变化、日月的可见颜色。托马斯设法获取了一个"秘密的天气预报公式"。这个公式至今仍然藏在一个黑色的锡罐里，保存在《老农历书》新罕布什尔州都柏林镇总部的办公室里。据说，《老农历书》现在仍然依靠这个公式来预知天气。托马斯能以此告知他的读者：接下来的天气会怎样，比如说"对当季来说可圈可点"。

后来，编辑们的风格越发简明扼要。罗伯·萨根多夫（Robb Sagendorph）于1939年关下《老农历书》。在他的管理下，《老农历书》为整个国家预报新一季的天气时，会用到"温和""潮湿"或"霜降"这样典型的表达。当一名读者写信要求获得更加细致的预报时，萨根多夫这样回复："您来信询问1947年12月降落在新英格兰地区的雪花数目。我们的员工汇报了他们的统计，结果相当可观，不过并不准确。原因在于，落在靠近佛蒙特斯托镇（Stowe）曼斯菲尔德山东面的雪花，和一些从地上吹起的雪花（这些数目已数）混起来了。抱歉。"

萨根多夫声称，他的预报准确度有80%。1966年《生活》杂志（Life）在一篇报道里描述了他使用的技巧：

他从记录一系列天气周期入手，包括太阳黑子、飓风和风暴的周期，35年的布吕克纳周期，《圣经》中的40天周期，另外还挑选出了一些备受推崇的公理（"寒冬一来几十年"）。然后，他按照顺序把一年分为几个单元：春、夏、秋、飓风、东北风、冷天、暴风雪、雪暴和龙卷风。他还会查看海洋温度、风暴轨迹和天气的平均状况。最后，他参考那本神秘《日书》（Book of Days）中的神秘数据，也就是那本从1792年相传至今的手册——这是一个机密公式。

萨根多夫对于他的成就非常自谦："这并不是科学。老实说，我也不知道这是什么。"不过，他仍然和哈佛的天文学家保持合作，后来还雇了一位美国航空航天局的科学家来做全职天气预报员。在萨根多夫和两名追随他的编辑的管理下，《老农历书》"通过当今最先进的技术手段和现代科学计算，改良了过去的老公式"。然而，萨根多夫也注意到，《老农历书》隐约带有一丝算命的味道："我非常肯定，像《老农历书》这样历史悠久的东西，一定会带有一些神秘的特质，无论我们如何努力革除这种卜算的氛围，它也将一直存在。"

《老农历书》1963 年 11 月的页面上（写千一年多以前），在潮汐和月相周期列表右侧的细栏里，有当月的"日历散文"。这篇散文叙述了一个隐秘的故事，读起来像一则寓言。

有位乡绅抽起烟管

和他的儿子

闲聊。

一只冠蓝鸦呱呱地叫着：

"灾难，灾难。"*

乡绅享受着
美丽的秋日和
徐徐落下的树叶。

"这还不是
一个已逝
的世界。"
当乡绅开始
谈论自己的
好运，那只
冠蓝鸦飞走
了。"一切
都如此平静，
你仿佛能
听到世界努力
维持原样的
尝试。"

随着月历一页页翻过，在慢慢靠近 11 月的第三周时，那个乡绅的儿子为生在乱世的不适感而悲叹。他告诉父亲："夜晚即将到来"——这句话刚好写在 11 月 22 日旁边，那天约翰·F. 肯尼迪总统遇刺——"或许还伴有谋杀"。对千 11 月还剩下的 8 天，《老农历书》预报了混乱的天气：一场风暴、雨水、雪、风和迷雾。它同时在 11 月 25 日，也就是小约翰·F. 肯尼迪生日那天写了注释："本月有两个满月月——注意防害。"

***

* 冠蓝鸦的叫声听起来像灾难（"havoc"）的英文发音。——译者注

1970 年，罗伯·萨根多夫去世，他的外甥贾德森·黑尔接任主编，成为《老农历书》182 年历史中的第 12 任主编。黑尔在此之前已经在这里工作了 12 年，负责写读者来信。（"绝大多数读者来信都挺无聊的，所以我打算写一些有趣的。我把这些信件寄给那个负责打印的人，他还觉得都写得像模像样的。"）自 2000 年起，《老农历书》给黑尔安排了一个荣休职位，但他仍然会来办公室。2011 年 11 月的一天，80 岁出头的黑尔穿着色彩鲜艳的格子衫、灯芯绒裤和粗花呢夹克衫，用柳条筐装着自己的东西来到了办公室。

贾德森·黑尔："我们并没有暗示肯尼迪总统遇刺事件的发生，但是很多人就那样解读了。人们从世界各地给我们写信。肯尼迪是在一个周五被射杀的，而我们日历上的短文是这样写的：'夜晚即将到来，或许还伴有谋杀。'我问过写这则短文的本·赖斯（Ben Rice），他说：'哦，我只是觉得 11 月挺好玩儿的，就那么写了。我也不知道为什么。'有些人说：'可能当时的氛围就充斥着不安的因子，然后他就写成那样了。'谁知道呢。"

1858 年，年轻的审判律师亚伯拉罕·林肯（Abraham Lincoln）为威廉·"达夫"·阿姆斯特朗（William "Duff" Armstrong）辩护，后者被控谋杀。一位目击者宣誓证明，去年 8 月 29 日晚，他曾借助满月的光线，亲眼看到阿姆斯特朗杀死被害人。在法庭上，林肯要求目击者朗

读一条 1857 年 8 月 29 日的历书条目，并且把这一页呈给了陪审团。"月色低迷。"《老农历书》上这样写道。林肯解释道，科学证据就摆在这里：那天并没有足够的光线让目击者看到这场凶杀案。最终，被告无罪释放。

第二次世界大战期间，一名德国间谍在纽约的宾夕法尼亚站被美国联邦调查局抓获，他的口袋里装着一本 1942 年的《老农历书》。很显然，美国审查局对德国人获取机密情报非常敏感。他们依据《美国媒体战时行为准则》（the Code of Wartime Practices for the American Press），要求《老农历书》以天气"迹象"替代天气"预报"。

《老农历书》的编辑们一遍遍地重复这些故事，为这本刊物的历史和可信赖的好口碑感到骄傲，不过，这种骄傲带着半开玩笑的性质。当听到有人说纳粹当时确实使用过《老农历书》的预报，罗伯·萨根多夫据说是这样回复的："也许他们是在用吧，毕竟他们打输了那场战争。"而复述林肯那个故事时，贾德森·黑尔还加了一个细节，那个因为《老农历书》被判清白的被告，临死前承认了自己当时扣下的谋杀罪行。

贾德森·黑尔："我最常被问到的问题：'冬天的天气会怎么样？'接下来的一个问题：'为什么《老农历书》仍在发行，并且业绩不俗？'

"这两个问题的答案我都不清楚。（对于第一个问题）我喜欢这样回答，冬天的天气会很冬天，之后春天会来。于是我的回答总是很准。不过，我马上就会变得认真起来，把我们的预报提供给他们。至于为什么这本刊物延续了这么长时间，我认为是经过这么多年，人们开始把《老农历书》当成纷繁变化的世界里的一个老朋友了。我想说明的是，每一年，《老农历书》的内容都是全新的。但是它的版式、装帧、我们编纂的方法、封面——都不变。这一点让读者很安心。

"我自己的早餐桌上就有一本。我也常常好奇：'今天的天气会是什么样？'我就会翻看它，然后得到指引。啊，明天是满月。这本书会告诉你什么是昏星，太阳什么时候落山，又会在什么时候升起。你会想：'天哪，我们居然生活在这么井然有序的世界里。也许生活并不像我纷乱的日常那样令人迷惑。'

"《老农历书》刚出版的时候，有点儿像《花花公子》——我的意思是，它就像其他任何杂志一样，比如《纽约时报》。人们注意到后就会买，和从一周来一次的报纸马车上买其他杂志没什么不同。你能想象没有电灯的年代吗？每年的这个时候天一暗，马上就变得漆黑无比。你得点上蜡烛或煤油灯。《老农历书》会告诉你什么时候天黑。"

有历史意义的子弹

这两颗美国内战时期的子弹来自北方军队，因为南方军队的子弹只有两道凹槽（还是说倒过来？）。

这个圆球来自独立战争时期，是那时的民兵在列克星敦、康科德和邦克山等地使用的。

真品

日食镜，用来观测1932年8月31日周三下午的太阳（具体时间请见当地报纸）。

我想你也许想知道

我下半身正裸着。

黑尔的办公室里摆满了他当主编30年来得到的各种纪念品。墙上挂满了编织物和画，还有乔特中学（Choate）和达特茅斯大学的学位证书。1955年，黑尔被达特茅斯开除了，因为他吐在了主任和主任夫人身上。（服完兵役后他又被重新录取，最终毕业了。）有一张1984年沃尔特·蒙代尔（Walter Mondale）竞选总统时在底特律集会上发放的传单。一只橡胶小鸡，一台老式电话，一件波士顿凯尔特人队的T恤。他还放着一些家人的照片，泰德·威廉姆斯（Ted Williams）和迪马乔的合照，还有新英格兰地区雪景的照片。

办公室的一边被黑尔的"见证历史博物馆"占据。这个小博物馆是一个四层的柜子，放满了装满小东西的透明袋子和珠宝盒。每一件物品旁边摆着一张白色小卡片，上面是手写的物品描述。有一截木头，卡片上写着"从约翰尼·阿普尔西德（Johnny Appleseed）家的果园里获得的"。"从恐龙的砂囊里取出的石头"，"亚瑟王城堡废墟"里的石头，"传说中的特洛伊城"里的石头，阿拉莫战场（Alamo）上的石头，英国史前巨石阵的石头。那里还有从查尔斯·林德伯格（Charles Lindbergh）的飞机"圣路易精神"号上撕下来的布料样品，以及一个展示拿破仑的绣花手帕的盒子。（黑尔："我不会把那块手帕拿来用的。不过如果我打喷嚏的时候它刚好在那儿，我可能会拿来用一下，除此之外，这可是完全放着展示的。"）保罗·里维尔（Paul Revere）制造的铜钉，两张泛黄的、水渍斑斑的纸——上面没什么文字，一张标着"J.P.摩根来信"，另一张标着"来自泰坦尼克号的信"。

当被问到这些物件的真伪时，黑尔说："没人知道它们是真是假，就像《老农历书》一样。"

218

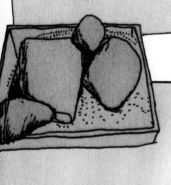

砖块和灰泥出自梭罗瓦尔登湖的小屋，由罗兰·威尔斯·罗宾斯（Roland Wells Robbins）于 1945 年挖掘出土。

这些小石子是 1987 年 6 月有人从莫斯科红场带回来的。小偷正是克里斯·黑尔（Chris Hale），著名的理想主义者，自由思想家。

一个得了白化病的胡萝卜（极为罕见）。

正宗
山姆大叔泥土袋
在原始谷仓下
掘出来的土。

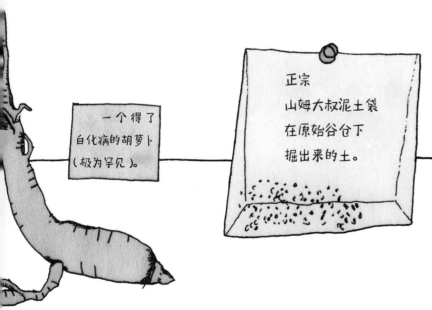

终于： 摇摆尖叫！
披头士的头发！
数量有限
别怀疑

　　贾德森·黑尔："如果有一股风暴来袭，人们会打电话来询问：'你们预测到那场暴风雪了吗？'你知道，我们可能预测到了，也可能没有。你可以参考《老农历书》里的三个地方。我们会查看，然后思考，哎呀，新英格兰地区的预报失误了，我们没有做出正确的估计。那么让我们来看看全国预报，好吧，那里我们也估计错了。那我们只能翻到日历页面了。太好了，那里写的是'寒冷的'或是其他类似的话。我们就会以此来推算！总是有——我们自称有——80% 的准确率。对《老农历书》来说，传统很重要。而我们的传统就是 80% 的准确率。

　　"每月我们都会进行温度预报和湿度预报，它们不是高于或低于平均值，就是与平均值持平。如果我们预测气温湿度会高于平均值，结果真的高于平均值，我们就把这个算作正确，不管是高了 1℃ 还是 10℃。在我们的记录里，这些都算是准确的。这样看的话，我们时常能达到 85%，甚至 90% 的准确率。这可是相当准确了。

　　"至于国家气象中心，我想他们应该是提前两三个月给出预报。我们则是提前八九个月。我觉得他们是抄我们的。"

　　俄克拉荷马大学诺曼校区国家气象中心的外墙上，刻着拉丁文的匾牌，"TOTUM ANIMO COMPRENDERE CAELUM"。后面跟着翻译："以心智拥抱整片天空。"这所建筑物里待着预报天气的天才大脑。国家海洋和大气管理局（NOAA）的极端风暴实验室在二层，从国家天气服务预报办公室和风暴预报中心的大厅往下走。雷达操作中心和预警决策训练办公室位于通风的天井的东南角。五楼是学校的气象学院。停车场里停着追风暴的越野车。它们很容易辨认，因为车身上有冰雹砸出的一个个麻点，挡风玻璃也碎成了蜘蛛网状。

　　哈罗德·布鲁克斯（Harold Brooks）是国家极端风暴实验室的气象学家。

　　哈罗德·布鲁克斯："《老农历书》声称他们有 80% 左右的准确率。每一套预报系统都曾经有这样的准确率。我们去看看 19 世纪中期的英国国家气象局，他们也宣称自己的预报有 80% 的准确率。如今的英国国家气象局仍然这样宣传。他们预报的是不同的天气状况、不同的事项，但很显然，我们声称的正确标准，为了适应这个神奇的 80%，已经有所变化。"

1972 年，气象学家爱德华·洛伦兹（Edward Lorenz）在美国科学促进会（American Association for the Advancement of Science，简称 AAAS）举办的会议上做了题为"可预报性：巴西一只蝴蝶扇动一次翅膀是否会导致得克萨斯州的一场龙卷风？"的报告。其中，洛伦兹展示了他的理论，该理论表明了复杂系统中的不可预报性。十年前，洛伦兹曾在电脑上处理数据。最初输入的数据代表大气状况，得到的结果意在模拟未来几个月的天气预测。洛伦兹在某个时刻决定重复一场计算。他重新输入数据的时候，不小心键入了一个化整误差——把 .506127 打成了 .506。这个看似无足轻重的变化让数据结果产生了巨大的差异。洛伦兹说，这个系统对初始状况下的变化非常敏感：小数点后的几个数字代表大气中细小的变化，如同一只蝴蝶扇动了翅膀。对洛伦兹来说，大相径庭的结果意味着"预测长期天气注定失败"。

洛伦兹："既然我们不知道到底有多少只蝴蝶，也不知道它们待在哪里，更不知道哪些蝴蝶在任意哪个时刻扑动翅膀，那么我们就不能准确预报某个遥远的未来时刻是否会有龙卷风袭来。"

"蝴蝶效应"开始成为标志性的比喻手法，用来表示初始条件下微小变化所能带动的巨大反应（现在以混沌理论为人熟知）。如同《纽约时报》之后写到的："一份完美的预报不仅要求完美的模型，更要求对某一时刻世界各地的风、温度、湿度和其他状况了如指掌。因为即使一个细微的差异，也可能导致完全不同的天气。"

哈罗德·布鲁克斯："我们并不完全知道大气现在的状态。难道你真的要去测量空气中每个分子的温度吗？但是没关系，在我们的理解范围内，这些误差在一些情况下是微小到不会影响实际天气状况的。

"假设你在纽约过马路，看到车开过来，你脑子里就会浮现一个模型：那辆车虽然在往这里开，但我有时间在它开过来之前穿过去。如果你已经开始计算这辆车开得有多快——猜测它的时速是 48 千米，但它其实是以 50 千米的时速在行进，除非你离它很近很近，要不然 2 千米的时速差异不会带来任何影响。但是，如果那辆车的时速突然神奇地加速到 140 千米，那你的模型就会害人。或者说，你在莫宁赛德高地打车，往南开到西村，这时的计算失误就会造成比较重大的影响，因为如果我估计的时速和出租车的平均时速相差 3 千米，那么这一段距离已经远得足够给到达时间造成 10 分钟的误差。如果你从纽约开到洛杉矶，情况会更糟。这些细小的事情其实都混合在一起，对你长时段的预报产生影响。"

我们会期望天气预报能帮助我们选择着装，或是为一场即将到来的风暴做好准备，但在直觉上也接受一场预报在视野和精度上存在特定的局限。比如，我们不会指望天气预报员告诉我们一个地方或某个时间天空中一朵云的大小和形状。不过，关于我们可以从预报员的预测中获得些什么，现在的定义还略模糊。1993 年，气象学教授、统计学家艾伦·H. 墨菲（Allan H. Murphy）发表了一篇题为"何为优秀的天气预报？"的文章。墨菲的文章旨在澄清，在猜测结果和洞察之间，我们应当将期待值定在哪里。

墨菲概述了三种对预报极为重要的"好特质"。首先是统一性：一次好的预报会直接反映出一位预报员对即将到来的状况最真实、最好的判断。其次是质量：一次好的预报会展示这次预报和接下来观察到的情况之间的紧密相似性。最后是价值：好的预报能帮助使用者做出有利于维护他们经济状况或其他方面的决定，比如，一户人家收听天气预报后决定从会遭受风暴袭击的地区撤离，从而幸存了下来。

墨菲对一则好天气预报的认知，还包括对沟通不确定性的重视程度，即洛伦兹说的那种固有的不可预测性。

但是人们讨厌不确定性。因为不确定性的存在，人们嘲讽天气预报员，认为他们不擅长干这一行。

格雷格·卡宾（Greg Carbin）是美国国家气象局风暴预报中心（the National Weather Service's Storm Prediction Center）负责预警和协调的气象学家："你只能接受有所谓的模糊性。观察网络里有一些粗糙的地方，这使得你没有办法真正了解特定地点大气层的具体变量。地球表面有很大面积的地区缺乏好的大气数据，你只能在不完整的信息之间填补空白。在不清不楚的情况下又要根据有限的信息来做决定，有时是挺烦人的。"

举例来说，发布极端天气警报时，如果包含涉及人命安危的预警，那预报员会肩负极大的压力，生怕犯错。

格雷格·卡宾："在绝大多数情况下，因为遗漏造成事故，比放出虚假警报而受到的处罚要重。但是我们追求的是均衡，人们不想要太多的假警报，因为假警报会降低他们的警惕性。"

有一些天气预报的做法可能令外界生疑。在某些情况下，预报员会故意给出稳定性较低的估计。纳特·西尔弗（Nate Silver）在他的书《信号和噪音》（The Signal and the Noise）中引用了一个名叫"潮湿偏见"（"wet bias"）的例子：商业性的天气预报机构一般喜欢夸大降雨的可能性，因为人们虽然会因为一场预报中的雨没有降落而开心，却也会因为没有准备防雨被降雨杀得措手不及而心烦意乱。

里克·史密斯（Rick Smith）是国家海洋和大气管理局（NOAA）的一名气象学家。他是这家机构与媒体和紧急状况管理员之间的联系人。

"人们想要一个肯定的答案。这很困难：我们并不能直截了当地给出'是'或'否'。'有30%的可能性下雷阵雨'。概率并不总能帮助人们做决定，不论是一个社区试图决定是否拉响龙卷风警报，还是学校面临雪暴的时候决定是否停课。当人们遭遇某种天气状况时，他们就会打电话来，询问接下来该怎么办。总会有这样一个问题：你会怎么办？我就会回答'我会保证自己打电话给妻子和孩子，让他们找地方躲起来'，或是'今天晚上，我上小学五年级的儿子要参加一个毕业典礼，但我们不打算去了'。你懂的，换一种说法暗示他们。

"我们提供信息。人们接收这种信息后，必须自己据此做出决定。我们的主要工作就是提醒大家，坏天气要来了，最好做好准备。至于最后那一步，比如要不要关上避难所的铁门，完全由他们自己决定。"

艾伦·H.墨菲（Allan H. Murphy）："预报……通过影响受众的决策能力实现价值……预报本身没有价值。"

自1996年起，迈克尔·斯坦伯格（Michael Steinberg）就为《老农历书》担任气象学方面的顾问。每年，他会凭借一己之力写出美国16个地区和加拿大5个地区的长期预报。斯坦伯格是康奈尔大学大气科学方向的理科学士，后来又获得宾夕法尼亚州立大学气象学的硕士学位。他也是"准天气"（AccuWeather）公司的副总裁，1978年以预报气象学家的身份加入公司，专攻雪情和冰情预测。他这样描述《老农历书》的秘密公式："这是一种观察和利用事物之间关系，预言将发生什么事情的方法。"

迈克尔·斯坦伯格："几年前，我在网上看到美国的五个顶级商业机密。其中有可口可乐的配方，肯德基的秘密香料，位列第三的就是《老农历书》的长时间天气预报（秘密公式）。

"如果真像网上说的那么简单，'把输出到地球上的太阳能乘以三倍，减去常温，就可以得到你要的结果'，那就好了。实际过程比这个复杂得多。即使你可以参看那个机密的黑盒子里的公式，也没办法马上给出预报。"

鉴于《老农历书》的出版周期，迈克尔·斯坦伯格几乎要提前两年给出天气预报。当被问到《老农历书》声称自己一直以来都有80%的准确率时，他说："我怎么好意思跟传统较劲呢。"

松果

松果里的松子靠风力传播。在干燥、温暖的气候下，松子能飞得更远，因为没有水分增加重量。松果在潮湿的天气里会闭合鳞片，把松子锁在里面。在干燥的天气里，鳞片会打开，放出松子。天气观察家会根据紧紧闭合的松果推测湿度和降雨概率。

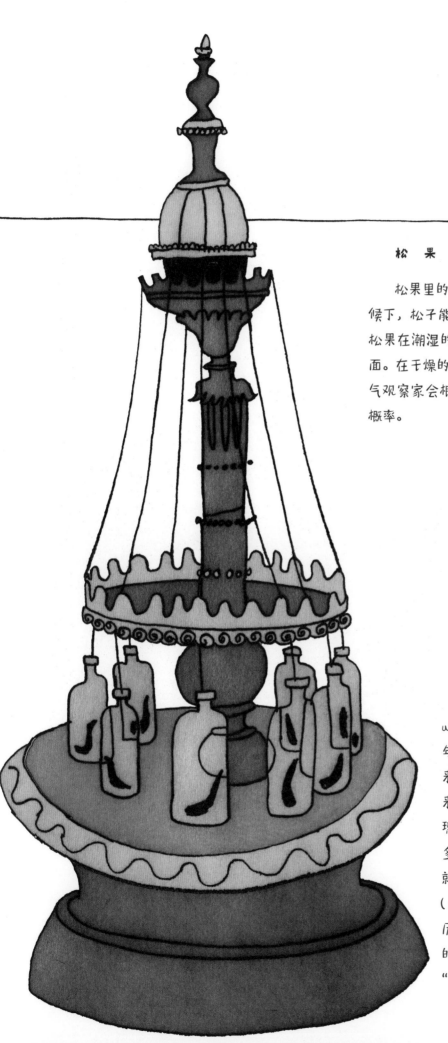

暴风雨预测器，
又名水蛭气压计

乔治·梅里韦瑟（George Merryweather）博士发明的装置，曾在1851年伦敦水晶宫展览展出。它用水蛭来预测天气。梅里韦瑟博士说，风暴来临前，水蛭会爬到装着它们的玻璃瓶的瓶壁上，触发铃铛的响声：越多铃铛发出声音，风暴降临的可能性就越大。根据水蛭专家马克·西多尔（Mark Siddall，他同时也是美国自然历史博物馆的环节动物与原生动物馆的馆长）的说法，这个暴风雨预测器"完全是胡说八道"。

　　2011 年 11 月，我访问了《老农历书》在新罕布什尔州都柏林主街（Main Street）的总部。这座安装了护墙板的建筑物最初是在 1805 年建造的，最近为了增加办公室面积又扩建了。低矮的建筑被漆成了谷仓的红颜色。它所在的街道对面是都柏林镇税务所、市政厅和公共图书馆，从停车场可以看到毗邻的都柏林社区教堂的白色尖顶。

　　接待员琳达·克鲁凯（Linda Clukay）从 1966 年开始就在都柏林总部工作，负责迎接访客。她的办公桌后面挂着《老农历书》创始人罗伯特·B. 托马斯（Robert B. Thomas）和他妻子汉娜（Hannah）的画像。

　　罗伯特一头白发，长着络腮胡，眉骨略微上扬。汉娜戴着白色无边女帽，披戴着精致的蕾丝领子，一副受苦受难的表情。她画像的标语牌上写着："不知道什么时候，这幅画上覆盖上了一张微笑的脸。原画中的脸部表情在 1961 年的修复中被发现。"

　　贾德森·黑尔的办公室以及他那见证历史的博物馆位于二楼，顺着大厅走上去会路过一个小型图书馆，里面存放着过往的每期《老农历书》和其他古董参考书。我向黑尔问起那个装着《老农历书》秘密公式的著名黑盒子。他顺手从办公室地板上捡起那个盒子，交给了我。

贾德森·黑尔:"对呀，就是它。我们可以打开看一看。也没那么神秘啦。你尽管说。没什么大不了的。"

这个箱子上布满了灰尘。通体黑色，带金色镶边，大概和一个装橄榄球的箱子或是烤饼义卖时临时用来装现金的箱子差不多大。箱子没锁，里面有几本皮面的线圈笔记本，两把用大号回形针别在一起的三叶草锁头的钥匙；另有几份零散的文件——一些是打印的，一些是手写的——有一个信封上面用红色印章盖了两次"机密"。

我一个人留在房间里，翻阅这些文件。

绝大多数笔记本上记满了史实：有趣的纪念日，一些无关紧要的信息，用以填补《老农历书》潮汐信息和日历页面上那些海量数据之间的细小空间。"1月9日：内战第一枪打响，1860年。""7月2日：艾梅莉亚·埃尔哈特（Amelia Earhart）逝世，1937年。""4月8日：佛蒙特州请愿国会，要求加入合众国，1777年——被拒绝。""4月1日：愚人节（此处写一个笑话）。"

在那个盖了两个机密印章的信封里，有三张打印好的页面钉在一起，上面没有签写日期或名字。第一张的信头上用大写字母写着：

"WEATHER FORECASTING-THE OLD FARMER'S ALMANAC"（"天气预报——《老农历书》"）

下面用更大的字写着：

"FOR INTERNAL USE ONLY"（"仅供内部使用"）

再下面写着：

"提前1到2年预报48个州的天气状况的具体步骤如下。"

这七个步骤是这样的：先预测太阳活动，接着决定"地球的定位和它的磁场"。第三步包括确定"地球相对于太阳赤道的位置，以及地球地磁轴相对于太阳风方向的倾斜角度"，"后者决定了，粒子以及磁场中扰动磁层的能量，实际有多少被转化到了地球大气层中（最初是通过地球磁尾，经历一系列复杂过程，最终到达极区电流层）"。

接下来需要了解宇宙射线的各种变化。第五步，检测以往的太阳活动，以此估计未来的状况。

第六步，详细分析之前的第三步到第五步，使用这些数据，"预报冬季高空槽显著加深的时间段，以及随之而来的冬季寒潮的爆发和风暴在背风面产生的时间；还会预报通常以晴朗且稳定空气昭示众人的高压系统的增强，或低压系统的加深和爆发频率"。

最后，"月亮的影响也会纳入考量"。月亮的影响，"和月球在满月时穿越地球磁尾的磁鞘有关，同时也和月球在新月时扰动太阳风（从而影响了被转移到地球大气层中的粒子能量）有关联，所以，月亮在满月或新月靠近黄道面的时刻就非常重要。"

这一长篇描述从一开始就令人费解，越往下越具有迷惑性。每一个添加到公式上的细节都进一步阻碍读者理解。它像一个谜语。最后还列着一系列免责声明：此处配置的公式并不能解释人类对天气的影响，或是如城市热岛这样的地方性天气效应，或是类似火山和森林火的自然现象的影响。即便如此，这个清单还是强调了对这个公式所持有的信心。这位匿名作家最后总结道："之后我们将得出更加可靠的天气预报，助益人类。"

当被问到如何评价《老农历书》的预报公式时，美国国家海洋和大气管理局（NOAA）的气象学家格雷格·卡宾说："很难遵照执行。"

一则天气预报需要综合我们对历史的了解、我们当下的科学认知，以及我们对未来的猜想。

每一个因素都是不完全的：预报是对人类已有的认识与局限的

一份总结。通过现代气象学，我们进一步了解天气，

有能力去预测它，这一点无疑可以

让我们的祖先震惊不已。

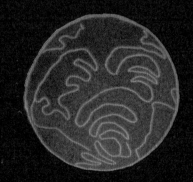

但是科学仅仅把我们领到这里：

下周二的天气会如何？这在

某种程度上来说仍然是一个

秘密。我们望向天空，我们研究多普勒天气

雷达传回屏幕的数据，我们往黑箱子里仔细瞧看。

格雷格·卡宾："我们知道，太阳和地球的

运动创造了季节变化。我们也知道，

北半球正值冬季，南半球夏日炎炎。

这其中暗含着一种周期变化。

如果我们退后一步，放大范围：

冬天会冷，夏天会热。

你知道的，如果真是这样简单就好了。

魔鬼藏在细节里。"

附 录

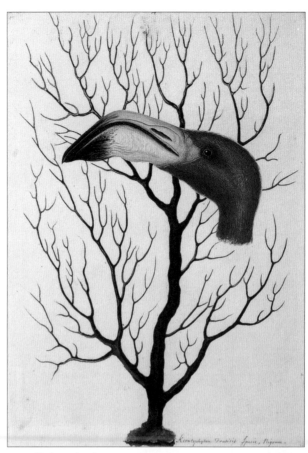

马克·凯茨比（Mark Catesby），《火烈鸟的头和柳珊瑚》（*Head of the Flamingo and Gorgonian*），1725 年

P. 亨德森，《美国黄花九轮草》（*The American Cowslip*），1801 年

关于插画的注释

本书中的许多图像都是在场景所在地创作的：阿塔卡马沙漠、北极、纽芬兰岛、新罕布什尔州都柏林的《老农历书》办公室，诸如此类。同时，我也参考了其他一系列材料，包括牙雕（贝雕）、希腊陶塑、老照片，以及日本的折叠彩色屏风。除此之外，我还参考了以下资料：

赫里特·德维尔（Gerrit de Veer）16 世纪的日记，讲述了荷兰探险队在斯瓦尔巴群岛的冒险。那本书的正式出版名为《威廉·巴伦特在北极地区的三次探险》（The Three Voyages of William Barents to the Arctic Regions）（Hakluyt Society：1853）。这部日记为本书的第二章"严寒"提供了思路。

康拉德斯·舒拉波里齐（Cunradus Schlapperitzi）于 1445 年的《图绘圣经》（Picture Bible），尤其启发了第八章"统治"的创作。

第九章"战争"中所用本·利文斯顿画像，是以利文斯顿先生借给我的私人照片为母本而创作的。

第十章"盈利"中关于收割冰块的图画，是根据小奥斯卡·爱德华·安德生（Oscar Edward Anderson, Jr.）《美国的冷藏设备》（Refrigeration in America，Princeton University Press，1953 年）、加文·韦特曼（Gavin Weightman）的《冻水贸易》（The Frozen Water Trade，Hyperion，2003 年）和理查德·O. 卡明斯（Richard O. Cummings）的《美国的冰块收割》（The American Ice Harvests，University of California Press，1949 年）等书中对 19 世纪的照片和蚀刻的复制描摹的。

第四章"浓雾"中出现的雾角，是根据英国玻璃工——钱斯兄弟制造的雾角照片描摹而成。这家公司同时也为 1851 年伦敦第一届国际工业品博览会的水晶宫、国会大厦，以及华盛顿特区的白宫制造玻璃用品。

第四章"浓雾"中，出现在第 67 页上的虫子，最初是在约翰·J. 奥杜邦（John J. Audubon）1824 年的作品《鹬类》（Willet）的鸟嘴上发现的，该作品未被奥杜邦本人收录在他的《美国鸟类》（Birds of America）一书中。

***

我选择了两种制作版画的方式：铜版照相凹版蚀刻和感光树脂工艺。

在照相凹版上，铜版上蚀刻着带有线条和颜色的图像（作为底版）。铜版染上油墨后，颜料会填满经过蚀刻的凹槽。这块铜版经过印刷机时，湿润的纸会在那里染上铜版上的颜色，显示出画面。感光树脂工艺是传统凹版技术演变至今的形式，用树脂版代替了铜版。

几个世纪以来，艺术家与科学家都用版画来描绘他们观察到的事物，传递他们的想法。根据艺术史家、策展人苏珊·达克曼（Susan Dackerman）的说法，在文艺复兴时期，印刷的图片是作为"探究自然世界的工具"而存在的。艺术家以科学之名，偏离比例、视角、颜色和光线等视觉常规。那种表现某种特定信息的需求，比如某种动物的身体结构或者植物的构造，在某种意义上促成了最初的超现实派。

英国自然主义者马克·凯茨比（Mark Catesby）1725 年完成的水粉作品，是我最爱的一幅画作，画上有一只火烈鸟。鸟的头部细节极尽翔实，而且比例完美；画家沿着喙的流畅线条勾画出上面的线条，展示了这只鸟是如何进食的，如何从大口吞下的水中过滤出海藻及甲壳类动物。画家把火烈鸟头部的每一根羽毛都一丝不苟地画了出来。但是，头部悬在那里：脱离了肉体，奇大无比，一片珊瑚红色几乎使人晕眩。

P. 亨德森（P. Henderson）1801 年的作品《美国黄花九轮草》，是一幅手绘的植物版画作品。在画面前景部分，花朵本身由一根弯曲的茎支撑着，在海边悬崖的衬托下，显得巨大又孤独。它紫色的刺状花瓣突兀地戳入空气。在它的底部，八片叶子像触手一样支棱着伸展开。远处的海面上浮起泡沫，天空因为风暴云的到来而变暗，两艘小船在风中歪歪斜斜。这株突变植株的花朵在黑暗中发亮，仿佛预示着噩兆。

正是出于对这种绘画传统的敬意，我为本书选择了这种媒介。凯茨比的火烈鸟、亨德森的黄花九轮草都捕捉到了一种情绪，一种陌生、惊奇、恐惧的感觉。而这正是我们面对大自然时的体验，也许在直面这些恶劣天气时，我们的这种感受最强烈：啸鸣的风，一场雷暴，猛烈的阳光。

本书的所有页面都是黑白制版，我是之后再给每一页单独上色的。

我和两位印刷大师合作，制作了这些页面。考特尼·森尼诗（Courtney Sennish）帮助保罗·马洛尼（Paul Mullowney）印刷了铜版照相凹版蚀刻。奥利弗·杜威 - 加特纳（Oliver Dewey-Gartner）和埃米尔·刚博斯（Emil Gombos）协助保罗·泰勒（Paul Taylor）制作了感光树脂工艺的作品。

第七章"天空"中的画是我用油画棒画的。

以下作品是用铜版照相凹版蚀刻印刷的：第一章"混沌"；第二章"严寒"（除 20—21 页）；第三章"雨水"；第四章"浓雾"（除 48—49、51—52、64—65、66—67 页），第五章"风"（70—71、72—73、76—77、78—79、80—81、82—83、86—87 页），第八章"统治"（130—131、134—135、142—143、144—145、148—149、150—151 页）。

以下作品是用感光树脂工艺印刷的：第二章"严寒"（20—21 页）；第五章"风"（74—75、84—85 页）；第六章"热"；第八章"统治"（132—133、136—137、138—139、140—141、146—147 页）；第九章"战争"；第十章"盈利"；第十一章"享乐"；第十二章"预报"。封面同样使用感光树脂印刷。

关于原书字体的说明

我为本书原版创造的字体叫作 Qaneq LR，因为这个词在因纽特语里是"降雪"的意思。因纽特人有许多关于雪的词汇，这一语言现象已经为许多人熟知。这种说法也曾经被攻击为仅仅是民间故事，学界对此仍有争论。在《因纽特语里的雪》一文中，克利夫兰州立大学的教授劳拉·马丁（Laura Martin）写道：学术圈内关于"雪的例子"的重复讨论表明，"对语言学结构中蕴含的复杂性的扁平化处理"，而且"粗心地忽视了负责任的学术作品应有的重要条件"。在《伟大的因纽特词汇骗局》一文中，语言学家杰佛瑞·普尔曼（Geoffrey Pullum）说："9、48、100、200，谁在乎呢？就是一堆词嘛，对不对？然而事实是，关于雪因纽特人并没有许多不同的词汇，而且，任何一个了解因纽特语（或者更准确地说，是从西伯利亚到格陵兰岛的因纽特人所讲的因纽特语和尤皮克语语系）的人，都不曾说过他们有这些词汇。"

文化人类学家伊戈尔·克鲁普尼克（Igor Krupnik）和人文地理学教授卢德格尔·穆勒-维勒（Ludger Müller-Wille）不同意这种观点。克鲁普尼克和穆勒-维勒已经从众多方言中辨识出好几十个形容雪的形状和下雪情形的词，比如说 mannguumaaq（经温暖天气烘软的雪）, katakartanaq（表层坚硬的雪，但一脚踩下去它们就会露馅）, kersokpok（冰冻的雪，上面还有车轮印子）。克鲁普尼克和穆勒-维勒仍然认为，历史上长久以来被定义为"因纽特人"所说的语言，事实上的确包含着丰富的形容雪的词汇——顺带说一下，与冰相关的词汇更丰富。

注　释

P. G. 伍德豪斯的译文出处：P. G. 伍德豪斯著. 万能管家吉夫斯⑤伍斯特家训. 王林园译. 南京：江苏凤凰文艺出版社，2018. 详见第十章第二节。

第一章　混　沌

3. 飓风"艾琳"最开始……新泽布什尔州：这一段描述拼凑了许多资料。原材料包括美国国家天气服务预报办公室，"服务评估：飓风'艾琳'，2011年8月21—30日"（银泉，MD：美国商业部，2012年），里克森·A. 艾维拉（Lixion A. Avila）和约翰·坎吉拉洛熙（John Cangialosi），"热带气旋报告：飓风'艾琳'"（迈阿密：国家风暴中心，2011年12月14日）。

3. 49个人死去……160亿美元的损失：同上文（"热带气旋报告：飓风'艾琳'"）。

3. 休·弗卢埃林与伊丽莎白·邦多克的对话：2011年9月23日，我采访了伊丽莎白·邦多克，又在2012年3月20日采访了休·弗卢埃林。这里和本书的其他部分一样，我编辑了采访内容，保证叙述的流畅度。我这样写作不是为了展示弗卢埃林和邦多克在对话，而是想通过两位不同目击者的声音，把在佛蒙特州罗切斯特公墓发生的这一件事呈现出来。

第二章　严　寒

8. 因纽特人相信，入眠之后，你的眼球会到处游走：Vilhjalmur Stefánsson, *The Friendly Arctic: The Story of Five Years in Polar Regions*, New York: The Macmillan Co., 1921, 409—410。

9. "一些人睡着时眼睛会略微睁开，"斯特凡松继续写道，"基于这样的联系，我不禁想问，我会在梦中听见声音，这是否意味着耳朵也会在睡眠中游走。他们都同意，这种说法听起来很有道理，但他们也都表示，之前并没有听人提过这种说法；他们私下里都认为，耳朵和眼球一样都能四下游走。但是，游走的不可能是外耳，因为人们睡着的时候，外耳还好好地在脸颊两边待着。"

10. "日光几乎可以忽略不计"：Stefánsson, *The Friendly Arctic*, 288。

10. "那里看起来仿佛什么都没有"：Vilhjálmur Stefansson, *Hunters of the Great North*, New York: Harcourt, Brace, and Company, 1922, 179—190。

10. "把其中一只手套向前扔十米左右"：Stefánsson, *The Friendly Arctic*, 288。

10. "这一切倒也没这么糟"：Stefánsson, *Hunters of the Great North*, 180。

10. "人们可能推断，雪盲症最容易在阳光普照的大晴天发生"：Stefánsson, *The Friendly Arctic*, 200。

10. "在粗糙的海冰上"：Stefánsson, *The Friendly Arctic*, 149。

10. "我最开始的志向"：Stefánsson, *Hunters of the Great North*, 3。

14. "一年到头都不会解冻的永冻土层"：由于全球变暖，这种情况已经开始改变。

14. 荷兰语中的"鲸脂镇"：Kristin Prestvold, "Smeerenburg Gravneset", Longyearbyen: Governor of Svalbard, Environmental Section, 2001。

14. "这个公司出于看管猎鲸站的考虑"：Helge Ingstad, *Landet med de kalde kyster*, Oslo: Gyldendal, 1948, 57—58, 转引自 Ingrid Urberg, "Svalbard's Daughters: Personal Accounts of Svalbard's Female Pioneers", *NORDLIT* 22 (Fall 2009), 167—191。

14. "第一个在如此靠北的地方过冬的欧洲人"：Christiane Ritter, *A Woman in the Polar Night* (1954), Fairbanks: University of Alaska Press, 2010, 115。

14. "地面冻结得如钢铁般坚硬"：同上，127。

14. "在冬天结冰，体积膨胀，一点点、一点点地把棺材推向地表"："For Some, No Rest, Even in Death",

The Milwaukee Journal（August 28, 1985）。

14. 几十年前，小小的地方墓园：Duncan Bartlett, "Why dying is forbidden in the Arctic", *BBC Radio 4*（July 12, 2008）。20 世纪 90 年代，埋在朗耶尔城的那些死于西班牙流感的尸体被重新挖掘出来，研究人员希望了解冰冻的身体是否能保存病毒，以及这些病毒是否能被研究。详见：Malcolm Gladwell, "The Dead Zone", *The New Yorker*（September 29, 1997）。

14. "听起来有些讽刺，我们会说"：与利瓦·阿斯塔·奥德加尔德的电话访谈，2012 年 3 月。

14. "20 个退休人员就能让我们陷入贫困"："Portrait of an Artist 'Too Old'", Mark Sabbatini, *Ice People*, Vol. 4, Issue 36（September 11, 2012）。

17. 2012 年，俄罗斯科学家报告：Vladimir Isachenkov, "Russians revive Ice Age flower from frozen burrow", Associated Press（February 21, 2012）。

18. 食品"会一直保持安全性"："Is Frozen Food Safe? Freezing and Food Safety", Food Safety and Inspection Service, United States Department of Agriculture, fsis.usda.gov.

18. "我们拥有的这些种子的来源国，有一些已经不存在了"：在挪威斯瓦尔巴群岛与卡里·福勒的访谈稿，2012 年 2 月，以及电话采访稿，2014 年。

18. 挪威大陆的个人所得税税率是 27%；斯瓦尔巴群岛的则降到了 8%：与斯瓦尔巴群岛税务办公室的约恩·埃里克·科文（Jorn Erik Kvven）的通信，2014 年 6 月。

20. 除挪威人之外，这里人口最多的要数泰国移民：根据斯瓦尔巴群岛税务办公室的说法，2012 年朗耶尔城有 102 位泰国居民。一些我采访的住在斯瓦尔巴群岛的泰国人告诉我，官方数据可能不准确，因为有些新来的泰国人为了逃税会选择不去政府注册。

22. "我的花园里有好多水果"：与谭咏·苏万博黎波恩的对话，朗耶尔城，斯瓦尔巴群岛，2012 年 3 月。

24. "人们来斯瓦尔巴工作"：与赫尔迪斯·利恩的访谈稿，朗耶尔城，斯瓦尔巴群岛，2012 年 2 月。

25. "这些清淡的夜晚很奇怪"：Ritter, 54。

第三章　雨　水

30. 和 1 000 多名记者一起："关于援救治理矿工的最新消息", *The New York Times*（October 30, 2010）。

30. "绝对沙漠"：根据科学家朱利奥·贝塔可奥特的说法，"当我们说到'绝对沙漠'的时候，我们是在说这个地方不存在维管植物，也不存在其他普通植物。如果遇到下雨，也只可能是几十年一遇的情况……绝对沙漠里并没有设几个气象站，因为没有必要，不是吗？"（与朱利奥·贝塔可奥特的电话访谈，2012 年 4 月）。也可参考：John Houston and Adrian J. Hartley, "The Central Andrea West-Slope Rainshadow and its Potential Contribution to the Origin of Hyper-Aridity in the Atacama Desert", *International Journal of Climatology*, 23（2003）。

30. NASA 把阿塔卡马沙漠作为模拟火星场景的替代：和火星一样，阿塔卡马沙漠干燥，紫外线指数高。此外，阿塔卡马沙漠的土壤组成也非常类似于火星的沙土。信息来源：与卡内基梅隆大学的戴维·维特格林（David Wettergreen）教授的电话访谈，2012 年 6 月；另，维特格林博士也负责阿塔卡马沙漠的机器人探索项目。

30. 雨影效应：Houston and Hartley, 1453—1464。

31. "你正巧在一个最佳位置"：与朱利奥·贝当古的电话采访，2012 年 4 月。

34. "这种情况通常七八年发生一次"：与皮拉尔·塞雷塞达（Pilar Creceda）的电话采访，2012 年 1 月。

36. "雨水和热同时出现时"：与克里斯托弗·拉克斯华绥（Christopher Raxworthy）于纽约 2012 年 3 月的访谈。

拉克斯华绥也和我探讨了气候变化可能导致马达

加斯加发生的变化："到目前为止，我们对马达加斯加（气候变化）的研究仍在初级阶段，不过目前预计的情况是，温度越高，马达加斯加岛就会迎来越来越多的气旋。马达加斯加岛的降雨也可能小幅增加。然而不幸的是，这也意味着，在原有基础上，降雨会变得更加猛烈，也更加频繁，这意味着地表径流会更容易导致风暴损害或侵蚀等严重后果。人们对马达加斯加岛的气旋给予了关注，尤其注意东岸的气旋，因为那里一旦遭遇气旋就会损失惨重。"

39. 这些热空气上升后，下降至零下温度并冷却：玛丽·安·库珀（Mary Ann Cooper）与罗纳德·霍尔（Ronald Holle）向我描述了闪电的形成原理，在此向他们致谢。

39. 一整队队员都遇害了：Marcus Tanner, "Lightning kills an entire football team", *The Independent*（October 29, 1998）。

2010 年，《明镜周刊》（*Der Speigel*）刊登的一篇文章引用了喀麦隆一位理疗师的话："我只需施几个咒语，然后和足球场上的神灵建立联系，我们自己的准头就会上升，而对手的瞄准率就会下降。"这篇文章还引用了加纳队退役的后卫，同时也是非洲足球联盟官员安东尼·巴福（Anthony Baffoe）的话："每个非洲足球队都有随行的巫师医生。"（Thilo Thielke, "They'll Put a Spell on You: The Witchdoctors of African Football", *Der Speigel*, June 11, 2010。）

39. 暴脾气的雷神索尔统治天界：特别向萨沙·罗森（Sasha Rosen）为我提供的北欧神话专业知识致谢。

39. "这种奇异的运作方式"：Andrew Dickson White, *A History of the Warfare of Science with Theology in Christendom*, Volume 1, New York: D. Appleton and Co., 1903, 332。

40. "如果促成原初闪电的条件仍然在这块地域产生效果"：Mary Ann Cooper et al., Paul S. Auerbach, editor, "Lightning Injuries", Chapter 3, *Wilderness*

Medicine（St. Louis: Mosby, 2007），69。

40. 参加户外运动的男性更多：Curran, E. B., R. L. Holle, and R. E. López, "Lightning casualties and damages in the United States from 1959 to 1994", *Journal of Climate*, volume 13, 2000, 3448—3464。

41. "1969 年，我被闪电击中"：史蒂夫·马什本的电话采访，2011 年 10 月。

41. "一个人可能身上沾有雨水或者带着汗液"：玛丽·安·库珀的电话采访，2011 年 10 月 26 日。同样可参考：Cooper MA, Andrews CJ, Holle RL, "Lightning Injuries", *Wilderness Medicine*, 87—90。

41. "我就像一棵圣诞树一样亮了起来"：*Life After Shock: 58 LS & ESVI Members Tell Their Stories*, Jacksonville, NC: Lightning Strike and Electric Shock Victims International, Inc. 1996, Introduction。

41. "什么都没看见，什么都没听见"：同上，72。

41. 法医瑞安·布卢门撒尔（Ryan Blumenthal）：与瑞安·布卢门撒尔的邮件来往。可参考：Ryan Blumenthal et al., "Does a Sixth Mechanism Exist to Explain Lightning Injuries?" Volume 33, Issue 3, *The American Journal of Forensic Medicine and Pathology*, September 2012, 222—226。

41. 受害者可能还会被雷击打散成弹片似的残骸刺穿：Ryan Blumenthal, "Secondary Missile Injury From Lightning Strike", Volume 33, Issue 1, *The American Journal of Forensic Medicine and Pathology*, March 2012, 83—85。

42. "我变成了动物园的一个展览物"：*Life After Shock*, 81。

42. "触摸了死神的脸颊后"：同上，97。

第四章 浓 雾

48. 北美洲最东边的角：斯必尔角：（47°31′N，52°37′W）是北美洲（这里不包括格陵兰岛）最东部的一个角。

48. 关于英国王室 1983 年到斯皮尔角的访问：我在网上观看了 1983 年加拿大广播公司拍摄的查尔斯与戴安娜到纽芬兰的访问，这个视频似乎已经从 YouTube 上下架。

49. "1845 年就发生过这样一回事"：对格里·坎特韦尔在纽芬兰斯皮尔角的采访稿，2012 年 7 月；以及对他的几则电话采访。

50. 形成浓厚的雾霾：霾（smog）这个词是烟（smoke）与雾（fog）的混成词，是在伦敦饱受雾霾困扰的情形之下诞生的。

50. "这种含有被人们称为'浓豌豆汤'的黄色厚重混合物的雾"："伦敦的豌豆汤雾霾：纽约城最糟糕的雾也难望其项背，一种肮脏的黄色混合物使得这种霾能让任何地方的所有人都感到它的存在"，*The New York Times*，December 29，1889。

《荒凉山庄》（*Bleak House*，1853）开篇就引用了查尔斯·狄更斯那段对伦敦雾霾的著名重述："到处是雾。雾笼罩着河的上游，在绿色的小岛和草地之间飘荡；雾笼罩着河的下游，在鳞次栉比的船只之间、在这个大（而脏的）都市河边的污秽之间滚动，滚得它自己也变脏了。雾笼罩着厄色克斯郡的沼泽，雾笼罩着肯德郡的高地。雾爬进煤船的厨房；雾躺在大船的帆桁上，徘徊在巨舫的樯橹绳索之间；雾低悬在大平底船和小木船的舷边。雾钻进了格林尼治区那些靠养老金过活、待在收容室火炉边呼哧呼哧喘气的老人的眼睛和喉咙里；雾钻进了在密室里生气的小商船船长下午抽的那一袋烟的烟管和烟斗里；雾残酷地折磨着他那在甲板上瑟缩发抖的小学徒的手指和脚趾。偶然从桥上走过的人们，从栏杆上窥视下面的雾天，四周一片迷雾，恍如乘着气球，飘浮在白茫茫的云端（狄更斯．荒凉山庄［M］．黄邦杰等，译．上海：上海译文出版社，1979:5.）。

50. 坏事就开始肆虐："伦敦雾霾僵持第三天"，

The New York Times，December 8，1952。

50. "借着昨晚能见度接近于零的条件"："盗贼们趁着雾霾袭击伦敦作案，盗取 56 000 英镑"，*The New York Times*，January 31，1959。

50. 还有一架飞机冲出跑道爆炸了："偏离轨道的飞机撞击事件导致 28 人死亡；此次伦敦雾霾带来的灾难事件中有两名幸存者"，*The New York Times*，November 1，1950。

50. 救护车必须有步行的导引才能出车："伦敦雾霾僵持第三天"，*The New York Times*，December 8，1952。

50. 在近乎无风的条件下：Sue Black，Eilidh Ferguso，*Forensic Anthropology*，Boca Raton: CRC Press，2011，245。

54. "当我们被困在港口的时候"：与保罗·鲍尔林的电话访谈，2012 年 6 月。

55. "温度骤降"：与戴维·福勒船长的电话采访，2012 年 6 月。

60. "他们听到"：声波通过固体、液体或气体时会被反射，它们能从固体物体的表面弹开。声音也可以被折射：一条声波的方向在经过空间的时候会发生转向。声音也受到温度的影响。通常，在对流层——即最靠近地球的大气层——温度随着海拔的升高而降低。声音在温暖的空气中运动得更快，所以音速在高海拔地区也会降低。根据宾夕法尼亚州立大学声学教授丹尼尔·罗素（Daniel Russell）的说法，"这意味着如果有一道声波紧贴地面运动，那么最靠近地面的部分就是传播速度最快的，离地面最远的部分则是传播速度最慢的。结果就是，声波改变了方向，朝上弯起"。

声学家查尔斯·罗斯（Charles Ross）分析了美国内战期间，声影（sound shadows）对指挥命令和结果的影响。"在电力和无线传播技术在战术层面普及之前，战争中的声音是指挥官判断战场形势最快捷也最有效的手段。"如果战争中的声音被气候条件影响,指挥官再以此为凭做判断的话,很可能会铸成大错。罗斯研究发现,声影曾经彻底扭转了1862年弗吉尼亚七松之战的局势,使南部邦联板上钉钉的胜利化为泡影,导致了约瑟夫·约翰斯顿(Joseph Johnston)将军的挫败,促成了罗伯特·E.李(Robert E.Lee)将军的崛起。约翰斯顿试图采用三管齐下的策略攻击北方军乔治·麦克莱伦(George McClellan)将军的军队,战争如火如荼之时,约翰斯顿被一片寂静笼罩,让他误以为战火还未开启。

七松之战开始的那天有雾,这往往是温度骤变的标志之一。随海拔升高而正常下降的温度,其变化状况将发生逆转。

查尔斯·罗斯:"当我们的〔声〕波的上半部分进入这样的区域时,它将加速,并将整个波转回地球……最终的结果是,远离声源的人可能比近处的人听得更清楚。奇怪的是,如果向下折射的波以足够的强度从地面反射,就可以再次上升并重复循环。这可能导致声源周围出现'牛眼'现象,即交替出现的可听和不可听的环状结构。这些环的宽度可达数英里。"

七松之战结束后,邦联将军的瑟夫·约翰斯顿写道:"由于大气的一些特殊状况,火枪的声音并没有传到我们这里。因此,我将史密斯将军的前进信号推迟到4点左右。"换句话说,错过了时机。(请见:Charles Ross,*Civil War Acoustic Shadows*,Shippenberg:White Mane Press,2001,24,61-82。还可见:"Outdoor Sound Propagation in the U.S. Civil War," Charles D. Ross,*Echoes*,Volume 9,No.1,Winter 1999。)

61. "它让你失去方向感":汤姆·范德比尔特(Tom Vanderbilt)在他的《交通》(*Traffic*)一书中描述了雾气对汽车驾驶的影响:

"雾气笼罩高速公路时,常常容易导致一系列巨型的连环撞车事故……当然啦,在雾里行驶时很难看清楚前面的道路。但是真正的问题在于,我们是通过参照系感知速度的……在雾中,车辆之间的速度对比——更不用说车辆和周边环境的参照,都被钝化了。我们周围的一切都显得比它们的实际速度更慢,而我们似乎在以更慢的速度穿越景色……讽刺的是,司机们会觉得离前面的车近一点更有安全感——这样他们就不会在大雾里跟丢——但是鉴于天气条件附加在感知上的困扰,这种做法是完全错误的。" Tom Vanderbilt,*Traffic: Why We Drive the Way We Do*,New York: Alfred A. Knopf,2008,99。

62. "有史以来最坚固的船":"'北极'号的沉没:蒸汽船与开普雷斯螺旋桨发生冲撞,约200到300人丧生",*The New York Times*,October 12,1854。这篇文章引用了《纽约时报》另一篇更早的报道(1850)。

62. 而"北极"号是它们中间的佼佼者:David W. Shaw,*The Sea Shall Embrace Them*,New York: Free Press,2002,30。

62. "现存最快的蒸汽船":"沉没且被抛弃了",James Dugan,*The New York Times*,November 26,1961。

62. 对于"北极"号内部装置的描述:Shaw,41。

62. 关于最快穿越太平洋的竞赛的描述:Shaw,45—50。

62. 一个星期后的周三:见乔治·H.伯恩斯在《纽约时报》(1854年10月11日)侧栏中发表的声明,另可见肖书中的地图,第99页。

62—63. 引用彼得·麦凯布、弗朗西斯·多里安、詹姆斯·史密斯、乔治·H.伯恩斯、詹姆斯·卡内根和托马斯·斯廷森的话:在"北极"号事故发生的几天后,《纽约时报》发表了一些幸存者的声明和目击者的证词。我在书里引用的是经过编辑的部分。完整的声明可见:"Loss of the Arctic: Collision Between the Steamer and a Propeller off Cape Race",*The New York Times*,October 12,1854,以及"The Arctic: Important Details,Narrative of Capt. Luce,Dreadful Scenes on the Wreck",*The New York Times*,October 17,1954。

62. 关于"北极"号沉没前瞬间状况的描述：Shaw，145。

63. 登上"北极"号的408人中：关于灾难发生时"北极"号上的具体乘客数目，有一些不确定性。在《大海将拥抱他们》一书中，戴维·W. 肖解释道，有一些数据中也许没有计入船员他们的家人。

第五章 风

70-71. "在佛罗里达礁岛群和非洲之间"：与黛安娜·纳艾德（Diana Nyad）的电话访谈，2012年12月。

72. 2013年，黛安娜·纳艾德完成了从古巴到佛罗里达州的穿越泳，那是她的第五次尝试。

72. "我完全不怕痛"：Diana Nyad, *Other Shores*, New York: Random House, 1978, 71。

73. "西洛可风（Scirocco）……成为……借口"：Peter Ackroyd, *Venice*, New York: Nan Talese/Doubleday, 2009, 24。

73. "那干热的圣安娜风（Santa Anas）"：Raymond Chandler, *Red Wind*, Cleveland: World Publishing Co., 1946。

73. "人们日日夜夜听到焚风呼号"：Herman Hesse, *Peter Camenzind*（1904）, Translated by Michael Roloff, New York: Farrar, Straus, and Giroux, Inc., 1969, 191—192。

74. "赤道无风带"：柯尔律治（Samuel Taylor Coleridge）在那首《古舟子咏》（"Rime of the Ancient Mariner"）中这样描述赤道无风带停滞的天气：

"日复一日，日复一日，

我们停滞，无动无息；

如画中海上画中船。"

78. "赌博，扯谎，还有盗窃"：Diana Nyad, "Father's Day", *The Score*, KCRW, July 18, 2005。

79. "有一天晚上"：Diana Nyad, "The Ups and Downs of Life with a Con Artist", *Newsweek*, July 31,

2005。

79. "从四面呼号而至的风"：Homer, *The Odyssey*, translated by Robert Fagles, New York: Penguin Classics, 1996, 231。

79. "这是致命的一步……所有的风都冲了出来"：同上，232—233。

80. 每一个穆斯林都要做到五大基本功课：按照伊斯兰教传统，对身体欠佳或太贫穷而负担不起旅途的穆斯林，可以适当放宽要求。

81. 扩张及维修计划：鉴于这个圣地的历史及宗教上的重要性，这些改造是有争议的。保守派对大清真寺的改造计划（包括拆除老旧的结构）持反对意见。批评人士公开谴责对圣地周围区域进行商业改造。他们把这些新的发展计划（包括旅店、豪华公寓、大型连锁商店，对历史遗迹的拆除和山景区域的公共通道）比作拉斯维加斯的盈利主义和庸俗设计。最近的一篇批评文章：Ziauddin Sardar, "The Destruction of Mecca", *The New York Times*, September 30, 2014。

82. "通风设备不够多"：与安东·戴维斯（Anton Davies）的电话访谈，2013年与2014年。

第六章 热

91. "科学家认为……"：Max A. Moritz et al., "Climate Change and Disruptions to Global Fire Activity", *Ecosphere*, volume 3, Issue 6（June 2012）。

91. "我们正在目睹更多火情"：Felicity Ogilvie, 科学家警告山火加剧气候变化, *The World Today*, Australian Broadcasting Channel Online, April 24, 2009。

91. "更多极端的火灾"：与戴维·鲍曼（David Bowman）的电话采访。

93. "最热的温度……最少的降雨天数"：我通过多种途径得知这些事实，包括 Ehud Zion Waldoks 的"2010年是以色列有记载以来最热的一年"，*Jerusalem*

Post，January 3，2011。

93. 向国际组织求救：Ethan Bronner，"Suspects Held as Deadly Fire Rages in Israel for Third Day"，*The New York Times*，December 4，2010。

93. "这是一场特殊的战役"：Anshel Pfeffer，Barak Ravid，and Ilan Lior，"Major Carmel Wildfire Sources Have Been Doused，Firefighters Say"，*Haaretz*，December 5，2010。

97. 不丹的火灾：Yonten Dargye，"A Brief Overview of Fire Disaster Management in Bhutan"，National Library，Bhutan（2003）。另见：Kencho Wangmo，"A Case Study on Forest Fire Situation in Trashigang，Bhutan"，*Sherub Doeme: The Research Journal of Sherubtse College*，2012。

97. "玩火柴的孩子"："Event Report: Forest/Wild Fire in Bhutan"，*The Hungarian National Association of Radio Distress-Signalling and Infocommunications Emergency and Disaster Information Service*，January 25，2013。

97. "人和野生动物的生命因此危在旦夕"："Forest Fire"，Department of Forests and Park Services，Ministry of Agriculture and Forests，Royal Government of Bhutan（2009）。

100. 黑鸢：David Hollands，*Eagles, Hawks, and Falcons of Australia*，Melbourne：Thomas Nelson，1984，36。

100. 原住民利用火打猎：Stephen J Pyne，*Burning Bush: A Fire History of Australia*，New York：Henry Holt and Company，1991。

100. "袋鼠、小袋鼠、袋熊"：同上，32。

100. 维多利亚州正处在旱灾的第 13 年：Kevin Tolhurst，"Report on the Physical Nature of the Victorian Fires Occurring on the 7th of February"，*2009 Victorian Bushfires Royal Commission*，Parliament of Victoria，Australia，2009。同可见："Conditions on the Day"，The *2009 Victorian Bushfires Royal Commission*，Final Report，Volume IV，Parliament of Victoria，Australia，2009。

100. "我州有史以来最糟糕的一天"：Marc Moncrief，"Worst Day in History"，*The Age*，February 6，2009。

100. 有人看到了一丝烟雾，包括照片：Kevin Tolhurst，"Report on the Physical Nature of the Victorian Fires Occurring on the 7th of February"。

101. "风向变化导致的结果"："Inside the Firestorm"，Australian Broadcasting Channel（February 7，2010）。

101. "那简直是一场飓风"：Jim Baruta，同上。同可见：吉姆·巴鲁塔的目击证词，*2009 Victorian Bushfires Royal Commission*。

101. "每一位消防员都失去了他们的家"：与格伦·菲斯克（Glen Fiske）的访谈，"Inside the Firestorm"。

101. "一切都着火了"：达利尔·赫尔（Daryl Hull）的目击证词，*2009 Victorian Bushfires Royal Commission*。

109. "我们正在面对不断升级的火灾危机"：Kate Galbraith，"Wildfires and Climate Change"，*The New York Times*，September 4，2013。

109. "火灾季将延长，空气也将更加乌烟瘴气"：Xu Yue，Loretta Mickley et al.，，"Ensemble projections of wildfire activity and carbonaceous aerosol concentrations over the western United States in the mid-21st century"，*Atmospheric Environment*，volume 77（2013）。另见：与罗瑞塔·米克丽的电话访谈及邮件联络，2014 年 4 月。

109. "即便是西伯利亚也会着火"：此处的西伯利亚指的是历史上的和普遍被认为是西伯利亚的地域（又名"北亚"），并不是 2000 年根据俄罗斯总统令划出去的较小的西伯利亚联邦区。

109. "俄罗斯全境温度都创新高"："Wildfires and Russian Bureaucracy: Perfect Combination"，*Pravda.ru*，英文版，August 3，2010。

109. "野火导致超过 50 人丧生，同时导致俄罗斯失去四分之一的谷物收成"："卫星图像显示，当 2013 年军队使用无人机监视火情的时候，野火包围了贝加尔湖"，*The Siberian Times*，May 11，2013。

109. "某些地区的火势以每分钟 100 米的速度移动"："Russian Bureaucracy: Perfect Combination"，*Pravda.ru*，英文版，August 3，2010。

109. 按照受影响的地区来评估，2012 年更糟糕。详见："State of Emergency Declared Due to Fires in Eastern Regions"，*The St. Petersburg Times*，June 18，2012。

109. "这样的野火局势……是不正常的"："As Wildfires Rage，the Russian Government Heads East to Battle the Crisis"，*The Siberian Times*，August 6，2012。

第八章 统 治

134. "一本 1894 年的《国家地理》杂志"：Mark W. Harrington，"Weather Making, Ancient and Modern"，*National Geographic*，Volume 6，April 25，1894，35—62。

136. "旱灾、水灾和饥荒同样……"：Fagan，50。

136. "小冰河时期"：学者在界定"小冰河时期"的时间段上存在争议。这个词由冰川地质学家弗兰索瓦·马瑟斯（François Matthes）于 1939 年提出。布莱恩·费根的《小冰河时代》将格陵兰岛和北极的冰冻的证据追溯到约 1200 年，并认为寒冷天气在 1300 年左右侵入欧洲：Fagan，*The Little Ice Age: How Climate Made History, 1300—1850*，New York: Basic Books，2000。另一些学者则倾向于 17 世纪晚期至 19 世纪中期这个有限的时间段。

136. "最重要的角色"：Fagan，28。

136. "一百万被指控为女巫的人……被处以极刑"：Emily Oster，"Witchcraft, Weather and Economic Growth in Renaissance Europe"，*Journal of Economic Perspec-tives*，Volume 18，Number 1，Winter 2004，216。

137. 许多人把自己献给魔鬼：新教徒和世俗法庭同样起诉"女巫"。见：Teresa Kwiatkowska，"The Light was Retreating Before Darkness: Tales of the Witch Hunt and Climate Change"，*Medievalia*，42（2010），以及 Wolfgang Berhinger，*Witches and Witch-Hunts: A Global History*，Malden，MA：2004。

138. "这会带来恐怖分子的炸弹"：《哨兵》（Sentinel）杂志员工，"Orlando Rainbow Flags Bring New Attack"，*Orlando Sentinel*，August 7，1998。

138. "约翰·麦科特南……怪罪"："Superstorm Sandy and many more disasters that have been blamed on the gay community"，*The Guardian*，October 30，2012。

138. "拉比诺森·莱特说"：Brian Tashman，"Religious Rabbi Blames Sandy on Gays, Marriage Equality"，*Right Wing Watch*，October 31，2012.。

138. 饥荒同时伴随着"巫师"被迫害致死数的加倍：Edward Miguel，"Poverty and Witch Killing"，*Review of Economic Studies*（2005），1153—1172。

139. "认为巫术信仰只存在……是错误的"：Estelle Trengrove，R. I. Jandrell，"Lightning and witchcraft in southern Africa"，2011 年亚太国际闪电会议，中国成都（2011 年 11 月）。

139. "我们入座后，一位学生说"：与埃斯特尔·特伦格罗夫的电话访谈，2012 年 2 月。

142. "我们根据天气选择穿什么"：Edmond Mathez，*Climate Change*，New Yrok: Columbia University Press，2009，279。

142. "我们毫不怀疑气候系统变暖的事实"：IPCC，2013: Summary for Policymakers: *Climate Change 2013: The Physical Science Basis. Contribution of*

Working Group I to the Fifth Assessment Report of the Intergovernmental Panel on Climate Change，edited by Stocker，T. F.，D. Qin，G. K. Plattner，M. Tignor，S. K. Allen，J. Boschung，A. Nauels，Y. Xia，V. Bex，and P. M. Midgley，Cambridge University Press: Cambridge，United Kingdom，and New York，2013。

142. "这可能导致"：无数研究都做出了相似的评估，包括 2014 年全国气候评估，这份评估指出，美国正在面对"不断增强且多次出现的炎热天气，这样的高温环境会导致高温疾病和死亡，持续下去更会加剧干旱，升高野火风险，加重空气污染；越来越频繁出现的极端降水与其造成的洪水，也会导致伤亡与海洋及淡水传染病；不断升高的海平面使得海岸洪水和风暴发生次数激增。"Jerry M. Melillo，Terese（T. C.）Richmond，and Gary W. Yohe，eds.，*Climate Change Impacts in the United States: The Third National Climate Assessment*，Washington，DC: U. S. Global Change Research Program，2014，15。

142. "五角大楼 2010 年的《四年防务评估报告》"："Quadrennial Defense Review Report"，Washington DC: United States Department of Defense，February 2010，84—94。

145. "地球工程的战略通常分为两类"：根据科学家戴维·基斯（David Keith）的观点，"地球工程"这个词并不理想。首先，你必须区分两件同时会被称为"地球工程"的事情，但是我认为这两件事情有的时候毫无关联：其中一件是改变阳光量（太阳辐射管理）。我认为太阳辐射管理与除碳之间的联系，并不比减少排放量、适应或保护自然等人类为了改变气候所做的事之间的联系多。所以，我觉得这不是一个辨析谁好谁坏的问题，而是从科技的建筑或者关于科技的政策的角度来说，我不认为这两者之间有联系。所以我觉得我们用同一个词描述这两件事情令人遗憾。

145. "科研版的喜欢看色情片"：Jeff Goodell，*How to Cool the Planet*，Boston: Houghton Mifflin Harcourt，2010，13。

145. "第二种是太阳辐射管理"：与纳森·梅尔沃德的电话访谈，2012 年 4 月。

147. "如果你有一个国家公园"：与理查德·皮尔森的访谈，纽约州，纽约市，2012 年 5 月。

尽管已经受到保护的土地仍然会面对各种威胁，理查德·皮尔森依旧相信："我们有足够的理由认为，受保护区域能最大限度地助力于我们下个世纪保存生物多样性的行动。通过减少非气候威胁，公园和保护地能够维持一个有多样物种和健康种群规模的生态系统。正如我们所见，生态系统的多样性更能抵抗气候变化带来的影响。"Pearson，*Driven to Extinction: The Impact of Climate Change on Biodiversity*，New York: Sterling，2011，210。

148—149. 此处描绘的是虚构的圆桌讨论。这些句子摘录自我和纳森·梅尔沃德、艾玛·马丽斯、亚伦·罗博克、戴维·基思的访谈，另外还参考了其他读物，详情请见下面的附注。

148. "人类已经在驾驭整个地球了"：Emma Marris，*Rambunctious Garden*，New York: Bloomsbury，2011，2。

148. "我担心的是，地球工程学会被发展成武器"：与亚伦·罗博克的电话访谈，2012 年 7 月。

148. "……后果之一……"：Elizabeth Kolbert，"Hosed"，*The New Yorker*，November 16，2009。

149. "我能预见，一些发展中国家"：与纳森·梅尔沃德的电话采访，2012 年 4 月。

149. "这并不是自然的终结"：戴维·基思，转引自 Goodell，How to Cool the Planet，45。另可见：Thomas Homer-Dixon and David Keith，"Blocking the Sky to Save the Earth"，*The New York Times*，September 19，2008。

149. "即使我们反感干扰气候"：与艾玛·马里斯的

电话访谈，2014 年 1 月。

第九章 战 争

154. "他们示威时会站着"：Seymour Hersh, "Rainmaking Is Used As Weapon by U. S.", *The New York Times*, July 3, 1972。

155. "情报局设法获得了一架美国航空公司的比奇飞机"：同上。

155. 文森特·谢弗：Bruce Lambert, "Vincent J. Schaefer, 87, Is Dead; Chemist Who First Seeded Clouds", *The New York Times*, July 28, 1993。

155. "通用电气的一部宣传片"："Thinking Outside the Cold Box: How a Nobel Prize Winner and Kurt Vonnegut's Brother Made White Christmas on Demand", *GE Reports*, December 27, 2011。此处提到的片段可以在网上观看：www.gereports.com/thinking-outside-the-cold-box/（这部影片不知是何时拍摄的，不过根据片中提到的第一次播云是在"去年十一月"，似乎可以确定是 1948 年拍摄的片子）。

155. "新闻稿件"：同上。

155. "天气控制，能变成一种和原子弹一样强大的战争武器"："Weather Control Called 'Weapon'", *The New York Times*, December 10, 1950。

155. "我们在该区域使用了播云剂"：Seymour Hersh, "Rainmaking is Used as Weapon by U. S."。

155. "这是第一次可以确认的气象战役"：同上。同可见：詹姆斯·富莱明（James Fleming）在他的书《校正天空》（*Fixing the Sky*）中描述了此前把天气作为武器的尝试：1950 年朝鲜的种云，1954 年法国在越南的造雨。James Fleming, *Fixing the Sky*, New York: Columbia University Press, 2010, 182。

155. "转移到了……"：Seymour Hersh, "Weather as Weapon of War", *The New York Times*, July 9, 1972。

155. "我们试图把天气调整为对我们有利的条件"：同上。

155. "这个计划是保密的"：1974 年国会的证词，时任国防部秘书长丹尼斯·J. 杜林（Dennis J. Doolin）坦承，他第一次知道播种云朵的情况，还是通过杰克·安德森（Jack Anderson）1971 年给《华盛顿邮报》写的专栏。

156. "在越南播云的目的"：2013 年 7 月我与本·利文斯顿在得克萨斯州米德兰的采访稿，以及 2013 年至 2014 年间与他的电话采访稿。

156. "这项计划的目的是'在仔细选取的地区大幅增加降雨……'"："天气改造"，华盛顿特区顶级机密听证会，美国参议院，外交委员会海洋与国际环境分会，于 1974 年 3 月 20 日举行，于 1974 年 5 月 19 日公之于众。

156. "（装着这些制剂的铝罐）搭成一排，摆放在机翼位置"：弹药筒的安装位置因地而异。

156. "回泰国或者哪儿都行"：据利文斯顿所说，"（19）66 年，我们飞出了岘港，到了 67 年则飞出了泰国乌隆"。

158. "空军造雨人，在胡志明铁路网络系统上方的天空秘密行动"：Jack Anderson, "Air Force Turns Rainmaker in Laos", *The Washington Post*, March 18, 1971。

158. 云朵的"法定地位"：P. K. Menon, "Modifying the Weather: A Stormy Issue", Letter to the Editor, *The New York Times*, July 10, 1972。

158. "大规模杀伤性武器"：Paul Bock, "Outlaw the Martial Rainmakers", Letter to the Editor, *The New York Times*, July 18, 1972。

159. "索伊斯特和杜林被质询这项计划的有效性时……"：原稿中暗示了一个保持神秘的原因，即在公众看来，这项计划是无用的。

159. "国务院的许多官员都表示反对"：Seymour

Hersh, "Rainmaking is Used as Weapon by U. S."。

160. "天气改造能提供之前从未有过的战略主动权": Col Tamzy J. House et al., "Weather as a Force Multiplier: Owning the Weather in 2025", August 1996。

160. 作家爱德华·贝拉米（Edward Bellamy）坚信，在一个理想社会中，人类对天气的掌控是其中一个必不可少的组成部分。贝拉米19世纪的畅销书《回望》（Looking Backward）中的主人公朱利安·韦斯特（Julian West），1887年在波士顿被催眠，于2000年再在波士顿醒来。小说中，朱利安从头到尾都由发现他的人领着游历新的世界。带领他的医生是利特（Leete）博士以及医生的女儿，充满魅力的伊迪丝。伊迪丝拥有"姣好的面容"与"满溢的活力"，这使她成为韦斯特在适应未来生活过程中的特殊慰藉。韦斯特描述了19世纪晚期的阶级斗争和不平等。利特家族则把他领入社会和谐与物产丰富的新世界。天气不再是问题。韦斯特这样描绘镇上的一个夜晚：

"这天，一场暴雨聚集起来；于是我想，虽然饭店还挺近的，但街上的混乱情形应该会让我的主人放弃外出就餐的计划。到了饭点，我看到小姐们一副准备好出门的样子，但都没有带上雨鞋和雨伞，我十分惊讶。

"走到街上后，我的疑惑解开了：人行道上方撑着一条连着的防水盖布，人们步行的地方变成了光线充足且完全干燥的走廊，里面挤满了一队队身着正装，准备享用晚餐的淑女绅士。整个街角的开放区域也用相似的方法撑着雨棚。我和伊迪丝·利特一起走，她似乎很沉迷于了解对她来说完全崭新的知识，也就是在我生活的那个年代，暴风雨来临之时，波士顿的街道上完全无法通行，除非行人穿戴准备好有雨伞、雨靴和厚重的衣服。'人行道上完全不用雨棚吗？'她问我。

"我们用的，我解释道，不过是以一种分散且毫无系统可言的方式放置的，因为毕竟雨棚是私人财产嘛。

她对我说，现在，波士顿的所有街道都用我看到的这种方式安装雨棚，以此对抗恶劣天气，用不到的时候就会把它们卷起来收好。她还暗示，天气以任何方式影响到人们的社交出行都太愚蠢了。"

（Edward Bellamy, Looking Backward, Cambridge: Houghton, Mifflin, 1887）

163. "泰国有农业与合作社部": "Special Report: The Roles of the Bureau of Royal Rainmaking and Agricultural Aviation", Thai Financial Post, March 1, 2013。

163. "印度尼西亚科技评估和应用局": "BPPT to Use Cloud Seeding to Minimize Flood Risk in Jakarta", Jakarta Globe, January 25, 2013。

163. "科学家对此项计划……有争议": 根据《科学美国人》2014年的一篇报道，新的信息收集技术与更精细的分析手段增强了播云的有效性："新的微型雷达证据和更有力的新型电脑为碘银云播种的操作提供了实际的可行性。" Dan Baum, "Summon the Rain", Scientific American, June 2014。

164. "我们的任务是防御……，驯化它，使它衰弱，最终……毁灭它": Waylon A.（Ben）Livingston, Dr. Lively's Ultimatum, New York: Iuniverse, Inc., 2004, 159。

165. "即刻出现了强光": 同上，248页。

第十章 盈 利

175. "我之所以到林中去生活": Henry David Thoreau, Walden（1854）, New York: Penguin Books, 1983, 135。

176. "每年冬天湖面都结起了": 梭罗，第330—331页。

177. "轻率而且无法实施": Gavin Weightman, The Frozen Water Trade, New York: Hyperion, 2003, 30。

177. "绝非戏言": 同上，37。

178. "天上露珠的蒸馏器": Thoreau, 227。

178. "观望者在其中丈量着自己天性的深度": 同上，

233。

179. "百余个爱尔兰人"：同上，343—344。

179. "绝美的翠绿"：同上，345。

179. "在去印度东部的旅途中"：James Parton, *Captains of Industry, or, Men of Business Who Did Something Besides Making Money*，Boston: Houghton, Mifflin & Co, 1884, 156—162。

179. "Thus it appears"：Thoreau, 346。

180. 古时冰块贸易的历史：Elizabeth David, *Harvest of the Cold Months*，New York: Viking, 1995。

180. "满满一袋子雪"：Fernand Braudel, *The Mediterranean and the Mediterranean world in the age of Philip II*，Volume 1, Berkeley: University of California Press, 1995, 28—29。

180. "维多利亚女王……取来一桶桶冰块，放置"：Paul Brown, "Queen Victoria's Cooling System", *The Guardian*，July 17, 2011。

181. "安然公司做出了第一笔天气衍生的生意"：Loren Fox, Enron: *The Rise and Fall*，New York: John Wiley & Sons, 2003, 133。

181. "市值120亿美元的市场"："2011 Weather Risk Derivative Survey", *Weather Risk Management Association*，PriceWaterhouse Cooper, 2011。（我把这项调查的118亿四舍五入处理了一下）

181. 天气影响美国经济：Jeffery K. Lazo et al., "U.S. Economic Sensitivity to Weather Variability", *American Meteorological Society*，June 2011, 709—720。

181. 更多关于天气对于经济的影响：John A. Dutton, "Opportunities and Priorities in a New Era for Weather and Climate Services", *American Meteorological Society*，September, 2002, 1306。另可见：John Dutton, "Weather and Climate Sensitive GDP Components", 1999, Pennsylvania State University(2001)。

182. "我们有开超市的客户"：与弗雷德里克·福克斯（Frederick Fox）在2012年8月宾夕法尼亚州伯温市（Berwyn）的访谈，以及2012年和2013年的电话访谈。

184. "我对自己……小木屋……并不是不抱希望的"：Ralph L. Rusk, *The Letters of Ralph Waldo Emerson*，Volume 3, New York: Columbia University Press, 1939, 383。

185. 机械制冷的流行：Oscar Edward Anderson, *Refrigeration in America*，Princeton: Princeton University Press, 1953, 86—102。关于冰块贸易的兴衰，见：Joseph C. Jones, Jr., *America's Icemen*，Olathe, Kansas: Jobeco Books, 1984, 154, 159。

185. "肠道病菌"：Weightman, 241。

185. "除非纽约能在接下去的六周内迎来足够的冷空气"："Ice Famine Threatens Unless Cold Sets In", *The New York Times*，February 2, 1906。

第十一章　享　乐

188. 约翰·罗斯金：转引自 John Lubbock, *The Use of Life*，New York: MacMillan and Co., 1895, 69。

189. Craigslist：我在 Craigslist 的网页上刷到了这些刚刚发布的信息："如果飓风要毁灭纽约城的话"，以及"我们刚在 SOHO 疏散中心见过"，这些信息现在已经无法获取（因为 Craigslist 的时效性）。"窗外飓风……会有多么火热"这则广告发布在 Buzzfeed 网站上，原标题为"8个在飓风'桑迪'来临时寻找性（和爱）的人"，Anna North, *Buzzfeed*，October 28, 2012。

192. "脱掉衣服……"：与马克·诺雷尔（Mark Norell）的访谈，纽约州，纽约市，2012年4月。

193. "冻冰上有这样多稀奇古怪的东西"：thames. me.uk 网站给出了这首诗的注解："（这首诗）由 M. 哈利（M. Haly）和 J. 米利特（J. Millet）出版印刷，罗伯特·沃尔特（Robert Waltor）发售，在圣保罗教堂北边的环球剧场（Globe Theatre）发行，接近朝向鲁德门（Ludgate）的那端；在那里你可以买到各种尺寸和种类的地图、字帖、印刷品，不仅有英文的，还有意大利文、法文、荷兰文。另外，约翰·赛勒（John Seller）在英国皇家交易所的西边也有出售这首诗。1684年。"

196. "'播报员的声音'"：Adam Nicholson，"英国广播公司船运播报裁员引起争议"，*The Guardian*，September 15, 2009。

197. "下了一周的雪"：Truman Capote，"Miriam"（Miriam），*Mademoiselle*，June 1945。

200. "他们现在必须跑起来了"：Charles Cowden Clarke，"Adam the Gardener"，*The Monthly Repository*，Volume 8，London：Effingham Wilson，1834，103。

200. "矿物学家……为这种味道创造了一个新词"：I. J. Bear and R. G. Thmoas，"The Nature of Argillaceous Odour"，*Nature*，March 7，1964。

第十二章 预 报

208—209. "查尔斯·戈卢布（Golub）……他的女儿……"：查尔斯·戈卢布是我的外祖父，罗宾（雷德尼斯）是我的母亲。

210. 关于伍斯特龙卷风的一些事实：John M. O'Toole，*Tornado! 84 Minutes, 94 Lives*，Worcester：Data Books，1993。在2011年5月的乔普林龙卷风（Joplin tornado）出现以前，伍斯特龙卷风是美国历史上导致最高死亡率的龙卷风。

210. "波士顿洛根机场的天气局"：国家研究委员会的一项研究发现，本地的天气侦察机和纽约州通用电气实验室里的气象学家都预报了此处可能遭遇龙卷风的袭击，但他们都没有能够通知大众。见：William Chittock，*The Worcester Tornado*，Bristol，RI，Self-published pamphlet，2003，12—13。

210. "天气会变得'很糟'"：与贾德森·黑尔（Jud Hale）在2011年新罕布什尔州都柏林市的访谈。另可见：Judson Hale，*The Best of The Old Farmer's Almanac: The First 200 Years*，New York：Random House，1992，46。

211. "如何安度人生"：Richard Anders，"Almanacs"，americanantiquarian.org/almanacs.htm

214. "'温和'或'潮湿'或'霜降'"：Judson Hale，*The Best of The Old Farmer's Almanac*，43—44。

214. "您来信询问……雪花数目"：Robb Sagendorph，*Old Farmer's Almanac*，Dublin，NH：Yankee Publishing，1949，转引自Hale，*The Best of The Old Farmer's Almanac*，43。

214. "他从记录一系列天气周期入手"："Old Faithful Goes Out on a Limb"，*Life*，November 18，1966。

214. "这并不是科学"：同上。

214. "改良了过去的老公式"："How We Predict Weather"，这一则公告出现在每一期的《老农历书》中。

214. "我非常肯定"：Robb Sagendorph，"My Life with the Old Farmer's Almanac"，*American Legion Magazine*，January，1965，26。

216. "林肯要求目击者朗读一条……历书条目"：其他历书也宣称，林肯读的是他们的条目。但是，根据贾德森·黑尔的说法："我们是唯一一本在8月29日谋杀发生的当天晚上写下'月色低迷'的历书。你只要瞧瞧那些同年出版的历书，就会发现他们那天什么都没预测出来。"

诺曼·洛克韦尔（Norman Rockwell）把发生在法庭里的情形画进了"林肯为被告辩护"（Lincoln for the Defense）这幅画中。在这幅画中，阿姆斯特朗坐在那边，头垂下，两只手被镣铐铐着，双手的手指互相交叉，似乎在祈祷着些什么。林肯一身白衣，在画面前部占据长且竖直的位置。他的面部紧绷，右手也握着拳，左手拿着一副眼镜，还有 1857 年的历书。

216. "以天气'迹象'替代天气'预报'"：贾德森·黑尔说，"这些都在咬文嚼字。我们没有更改信息。1944 年那会儿可没有正经的天气预报"。

218. "石头……石头……"：贾德森·黑尔，"我的一个朋友去到亚历山大大帝或是别的某个伟人去的某个角落，从那儿给我带了些石头"。

220.《老农历书》声称他们的准确率高达 80%：与哈罗德·布鲁克斯（Harold Brooks）于 2011 年 11 月在俄克拉荷马州诺曼的访谈，以及 2012 年的电话访谈。

221. 爱德华·洛伦兹：肯尼斯·张（音），"气象学家，混沌理论之父爱德华·N. 洛伦兹去世，享年 90 岁"，*The New York Times*，April 17, 2008。

221. "十年前"：关于这些事件更详细的描述，以及关于洛伦兹其人和作品的信息，参见 James Gleick, Chaos: *The Making of a New Science*，New York: Vintage, 1987。

221. "预测长期天气注定失败"：同上。

221. "既然我们不知道到底有多少只蝴蝶"：Edward Lorenz, *The Essence of Chaos*，Seattle: University of Washington Press, 1995, 182。

221. "一份完美的预报"：肯尼斯·张（音），"气象学家，混沌理论之父爱德华·N. 洛伦兹去世，享年 90 岁"。

221. "何为优秀的天气预报？"：Allan H. Murphy, "What Is a Good Forecast? An Essay on the Nature of Goodness in Weather Forecasting"，*American Meteorological Society*，June 1993。

222. "你只能接受有所谓的模糊性"：与格雷格·卡宾（Greg Carbin）2011 年 11 月在俄克拉荷马州诺曼的访谈，以及 2012—2014 年间的电话访谈。

222. "潮湿偏见"：Nate Silver, *The Signal and The Noise*，New York: Penguin Press, 2012, 135。

222. "人们想要一个肯定的答案"：与里克·史密斯（Rick Smith）于 2011 年 11 月在俄克拉荷马州诺曼的访谈。

222. 关于民间天气预报：哈罗德·布鲁克斯，"绝大多数民间的东西都是建立在大量的观察基础上的。所以真正该问的是，你了解这些观察时所处的环境状况吗？你知道它们是如何与你自己产生联系的吗？'夜晚红天'（Red sky at night：水手福音；晨间红天，水手警报）是首很经典的歌谣。这首歌其实讲的是清晨、日出、午后时分对云朵所覆盖位置的观察。当天气系统自西向东运行时，这首歌是很准的。比如说，在中纬度的情况下，如果你看到云层（cloud cover）从西部移动过来，那么风暴就在迫近。如果夕阳看上去很澄净，而晚上的时候出现了红天，许多云层正向东边移动，一切都变得清透，那么天气会变得很棒。现在，咱们来看一下相反的情况，假设你身处佛罗里达州的东岸，看到了夜间的红色天空——云朵在你的东边，现在是 9 月。这个现象其实在告诉你，飓风即将来临。情况其实很糟。因为你不在天气系统从西到东的领域之中。结论就是，许多民间的说法建立在大量观察之上，而当你处在一个非正常的环境条件下，这些说法可能就错得离谱"。

222. "预报……实现价值……"：Allan H. Murphy, "What Is a Good Forecast? An Essay on the Nature of Goodness in Weather Forecasting"，*American Meteorological Society*，June 1993。联军关于 1944 年 6 月 6 日——著名的登陆日——的预报可以作为"好"预报的反面教材。哈罗德·布鲁克斯："回看登陆日当时的预报，联军预报说天气状况良好、适合进攻——大问题在于浪会有多高、有多少登陆舰艇会迷路。德国方面的预报是浪头会变得很高：选择进攻就太愚蠢了。双方都根据自己预报的天气状况行动。结果是，德军也许预报得更加准确。浪高比联军预计的进攻可接受高度还要高。因此，德军没有为进攻做准备，因为他们想，没人会在这么糟糕的天气条件下进攻。德军陆军元帅埃尔文·隆美尔（Erwin Rommel）回家为妻子过生日了。他是除了希特勒之外唯一一位能真正调动部分防御系统的人。如果德军当时的预报不那么准确，他们也许还会为进攻做好防备。如果联军的预报更准确一些的话，他们也许会决定，'唉，不值得进攻，我们会失去好多小伙子'。联军应该为他们预报得不那么准确而高兴。"

登陆日的例子表明，低质量（准确度）意味着高价值（对使用者的利益）——至少对联军而言的确如此。

222. "这是一种观察……关系……的方法"：与迈克尔·斯坦伯格（Michael Steinberg）于 2012 年 12 月的电话访谈。

224. 都柏林社区教堂：根据《老农历书》的网站，"教堂建于 1852 年，1938 年风暴来袭之时，风把教堂的尖顶刮走，吹得它打转，最后又猛吹回教堂的屋顶。这座教堂因此而获得恶名"。

关于插画的注释

239. "探究自然世界的工具"：Susan Dackerman, *Prints and the Pursuit of Knowledge in Early Modern Europe*, Cambridge: Harvard Art Museum, 2011, 20。

关于原书字体的注释

241. "Qaneq LR … '降雪'"：这种拼法和定义来自博厄斯（Boas）、克鲁普尼克（Krupnik）和米勒 - 维勒（Müller-Wille）：Igor Krupnik and Ludger Müller-Wille, "Frank Boas and Inuktitut Terminology for Ice and Snow: From the Emergence of the Field to the Great Eskimo Vocabulary Hoax", *SIKU: Knowing Our Ice*, Dordrecht: *Springer Science + Business Media*（2010），384。

241. "对……平凡化"……"重要条件"：Laura Martin, "Eskimo Words for Snow: A Case Study in the Genesis and Decay of an Anthropological Example", *American Anthropologist*, New Series, Volume 88, Number 2（June 1986），421。

241. "9，48，100，200，谁在乎呢？"：Geoffrey K. Pullman, *The Great Eskimo Vocabulary Hoax and Other Irreverent Essays on the Study of Language*（Chicago: University of Chicago Press，1991，164…160。

241. 文化人类学家伊戈尔·克鲁普尼克（Igor Krupnik）：2014 年 7 月与伊戈尔的电话采访。另可见：Igor Krupnik and Ludger Müller-Wille, table 16.3，392—393。

致　谢

这本书的出版离不开很多人的帮助。

我尤其感激我的编辑苏珊·卡米尔（Susan Kamil），我的文稿代理人埃莉丝·切尼（Elyse Cheney），还有刘易斯·伯纳德（Lewis Bernard），以及美国自然历史博物馆和所罗门·R.古根海姆基金会。

塔玛拉·康诺利（Tamara Connolly）、杰姬·哈恩（Jackie Hahn）和邓肯·托纳蒂乌（Duncan Tonatiuh）帮助我完成了本书的制作与设计。保罗·马洛尼（Paul Mullowney）和保罗·泰勒（Paul Taylor）把我的画作转制成了印刷品。格雷格·卡宾（Greg Carbin）、珍妮弗（Jennifer）和戴恩·克拉克（Dane Clark）、玛丽·安·库珀（Mary Ann Cooper）以及罗恩·霍利（Ron Holle）帮我审阅了本书中与自然科学相关的内容。亚历克莎·苏丽斯-雷伊（Alexa Tsoulis-Reay）帮我复核确认了各种事实。（剩下的任何错误都归我）

极为感谢接受了我采访的所有人，很多人的名字都出现在本书中。

我还把最深的谢意献给：

Omar Ali, Ted Allen, Dave Andra, Tom Baione, Mark Benner, Julio Betancourt, Jamie Boettcher, Nadine Bourgeois, Harold Brooks, Gerry Cantwell, Emma Caruso, Marie d'Origny, Bella Desai, Benjamin Dreyer, Eleana Duarte, Richard Elman, Gina Eosco, David Ferriero, Barbara Fillon, Mike Foster, Sam Freilich, Ellen Futter, Anne Gaines, Jennifer Garza, Malcolm Gladwell, Liz Goldwyn, J. J. Gourley, Amy Gray, Eve Gruntfest, Steven Guarnaccia, Judson Hale, Joshua Hammerman, Pam Heinselman, Charlotte Herscher, Janet Howe, Alex Jacobs, Justin Jampol, Gillian Kane, Ben Katchor, David Keith, Daniel Kevles, Kim Kolckow, Nora Krug, Jim LaDue, Todd Lambrix, Davie Lerner, Ben Livingston, Lenaya Lynch, Leigh Marchant, Sally Marvin, Richard McGuire, Carolyn Meers, Stephen Metcalf, Kaela Myers, Tess Nellis, Alana Newhouse, Mark Norell, Loren Noveck, Richard Pearson, Tom Perry, Abigail Pope, Liz Quoetone, Christopher Raxworthy, Lily Redniss, Seth Redniss, Rick & Robin Redniss, Mia Reitmeyer, Susan Grant Rosen, Marc Rosen, Russ Schneider, Erin Sheehy, Mark Siddall, Sandra Sjursen, Rick Smith, Michael Steinberg, Dave Stensrud, Janice Stillman, Jean Strouse, Keli Tarp, Stewart Thorndike, Joel Towers, Sven Travis, Molly Turpin, David Wettergreen, Andy Wood, Teresa Zoro.

这本书献给我的家人：Jody Rosen, Sasha Rosen 和 Theo Rosen。

作者采访

译者罗猿宝（后简称Y）：你好劳伦，谢谢你接受我的采访。我想作为这本书的读者和译者，能够有机会向作者提问，实在是太难得了。

作者劳伦·瑞德尼斯（后简称L）：你好，我很高兴能为中国的读者讲解一些关于这本书的故事。你可以尽管提问，我们的时间很充裕。

Y：好的。我想先从比较技术性的问题开始问起。你在书中使用了两种制作版画的方法：铜版照相凹版蚀刻和感光树脂工艺。能请你对这种选择做一个简单的说明吗？

L：其实读者在书里很难区别这两种技术。起初我尝试的是铜版照相凹版蚀刻，但这种技术非常昂贵，出品速度也极慢。和铜版照相凹版蚀刻的师傅沟通之后发现，按照这种方法来创作的话，我就来不及交稿了。所以我找了一种替代技术，也就是感光树脂工艺。感光树脂工艺做出来的效果近似于之前我用铜版照相凹版蚀刻制作的作品，但它相对来说容易上手操作，所以出于实际操作的考虑我就换成感光树脂工艺了。现在看着这本书，我也记不得哪一张画是用哪一种技术做出来的了（笑）。

Y：为了创作这本书，你采访了很多不同领域的人。许多故事很动人，也很私人化。你也放进了许多你和受访人的对话，而不是重写这些故事。我很好奇，你在创作的时候是如何做到真实地传递这些故事而又不被故事的情绪带跑的？你会让图像和文字在讲故事的过程中承担不同的角色吗？

L：这个问题很有意思。我认为图像在很多时候能更快地传递情感，因为它很直观，也很出自本能。让图像去承担情绪化的一部分是很自然的。而我觉得有的时候，用比较低调的方式处理文字，反而能增强作者想要传递的情感效果，因为这样的话就留出空间让读者自己去体会而不是被告知如何体会。我也希望这本书能传递一种合作性质的情感体验，它不是单向的。

Y：所以这是一种对文字有意识的低调处理？你在创作其他类型的作品时也会这样做吗？

L：是的。我觉得也许这和我的个性有关。好玩的是，有时候这种有意识的低调处理反而无意识地创造出了戏剧化的场景。比如说这本书里有几页上只有一句简单的句子，一方面我只想把这句话放在那里，从而让阅读慢下来，但这句话在这种情形下同时又变得很宏大。有时候我自己看这些句子都感觉有些局促不安。我也不知道我是不是做到了一种平衡。

Y：对我来说这些页面读起来是很自然的，并不像是很刻意设计的。

L：那太好了。

Y：我在第二遍读这本书的时候发现了一个过渡章节，也就是"天空"这一章。这一章没有任何文字，这之前章节里的情感体验比较偏私人，而之后的话题比较偏团体化政治化。你在创作的时候是如何考虑这一章的作用的呢？

L：我觉得这一章的确有过渡的作用，就好像一首曲子中的hook。我在创作的时候，时常会考虑文字和图像的互动。比如有的情况下故事需要借助大量的文字，那么图像就会相应被压缩；然后我就会想，如果推到另一个极端，我只画图像不配文字呢？对我来说，这本书情感的顶峰——也是我自己最喜欢的部分——正好是没有任何文字的这几页。我也希望我的读者在看到这一章的时候，能感受到这些空白的意义。而这些意义也正是由前几章的阅读体验所积累下来的。这些画很简单又很庄严，它充满了静和可能性。

我想说的另一点是，我在创作这本书时，考虑的不仅仅是气候变化这个很严肃的议题，还因为我感到现代人仍然是无比幸运的。我们可以每天看着天空，看着它随着时间不断变化，展现出令人难以置信的色彩，这一切都那么激动人心。但我们很少为这种机会感恩，也很少停下脚步来欣赏天气变幻的美景。所以我希望这一章可以让读者逗留，看看天空出现的不同颜色。

Y：是的。同时这也像是在为后几章更加黑暗而严肃的话题做准备。

L：暴风雨前的宁静。

Y：除了为读者们展示美以外，这本书还提供了非常多的科学知识。虽然它可能不像你的上一本书《放射性》那么深奥，但是我想你应该还是需要为此学习很多新的知识。你在这本书里是如何驾驭这些专业以外的知识的？这本书里有文学作品，有游记，有历史作品，还有新闻和访谈，你又是如何组织这么多不同领域、不同题材的内容呢？

L：每一章我的方法都有一些不同。每一章我都想选择一个充满不确定性、可能性和复杂性的题材来探索。而不同的文学类型就像马赛克片一样，也许它们拼起来之后看起来不完全平整，但每一块自身都有意义。我希望把它们拼起来之后会呈现一种意想不到的闪光的效果。像天气这样一个巨大的话题，相关的内容无穷无尽。我选择材料的时候，并不想把一些琐事堆砌起来，而是试图把一些看起来毫无关联的内容串联起来，创造出一种新的意义。

Y：我很好奇，整理材料的时候，有很令你震惊的故事吗？有没有故事对你的生活产生了持续的影响呢？

L：我想很大程度上这些故事都在以不同的方式影响着我的生活，比如不同的写作报道方式之类的。我记得在"热"的那一章里，有一个科学家说过这样一段话，"野火比洪水更戏剧化。它几乎是瞬时发生的，把一个世界转化成另一个世界：一片茂密的森林变成了满是灰烬的土地。一旦让野火得逞，一旦失去对它的控制，那你就完全手足无措了。这时候你必须考虑如何在火灾中存活下来，而不是灭火。火势就像野生动物，像蛇。那是一种恐怖的美"。"恐怖的美"这个词让我激动万分。我想这种不可控制的感觉也是这本书想要传达的，异常天气常常让我们感到手足无措。至于故事，写作《老农历书》的那段经历总是让我感到很亲切。我去访问《老农历书》总部的时候，看到他们黑盒子里那么复杂的天气预报计算公式，不由地感到一种混乱的美丽。其实这一整套预报方式都很有意思，甚至有一点诗意。它那疯狂的运算步骤其实没什么准确性，而且让我觉得其实对于天气，我们真的不知道什么。而这种"迷信"也是我们在试图掌控不确定天气的路上的一种尝试。

Y：《老农历书》总部的人对于你公布了他们的天气预报"秘密配方"没有意见吗？

L：好吧，我其实非常谨慎。他们把这个秘密配方交给我看，告诉我可以拍照片。我并不想在书里复制"配方"所有的步骤，我想保护他们的秘密（笑）。所以我对这些材料做了一些修改，只是试图传递我的想法，而不是把它们的信息都泄露出去。

Y：这本书大概花费了你多长时间？

L：我花了四年时间写这本书。从2011年着手，2015年出版。

Y：这个时间在艺术类的书籍创作中算比较久的吗？

L：感觉是挺久的。其实在出版过程中修改了一年后我感到很多点子被削弱了，到最后总是觉得没有足够的时间来充分表达我的意图。

Y：那么你会认为自己是个完美主义者吗？

L：是也不是。很难界定的原因是，我现在都不知道完美是什么意思了。我喜欢"完美"这个概念，我喜欢对我的作品做细小的修改，比如说改掉那个让我讨厌的逗号，调整两个字之间的空隙之类的。从这个意义上来说，我对细节非常非常在意。我必须对这一切感觉良好。

Y：对我来说，这本书对各种各样的人都有吸引力。在你开始创作的时候，你设想过一个特定的读者群吗？

L：我一般会在脑子里设想一两个读者，也许是一个我觉得我能理解的朋友。然后我会以他们的视角来读我的作品。从这个意义上看，我想我有一些理想的读者，她们很聪明，很好奇，不过我不会从一些特定的社会层面来考虑我的读者群分布。

Y：就像是为你的好朋友写作一样。

L：是的，我觉得这对我来说是一种很棒的写作方法。如果我能设想一个很亲近的人对一个特定话题的反应，我就能更有效地组织呈现我的材料。在写作比较难的专业话题时，我会想象我在给一个朋友写信，用尽量浅显易懂的语言说清楚这个问题。

Y：我在之前的一份访谈里读到，有些人在你的作品里看到了爱德华·戈里（Edward Gorey，1925—2000）的影子。我在读"风"的那一章时，总感觉有一些人物的动作设计很有南希·斯派洛（Nancy Spero，1926—2009）的风格。我很好奇，你是怎么看待读者在你的画里看到别的艺术家的风格这一点的？你在附录部分也提到，有一些很具体的作品对你产生影响，那么当这些读者，有些也许没有受过专业的艺术史训练，发现了另一些他们认为影响了你的作品时，你会有什么回应吗？

L：我想我应该会感到很开心，很惊奇吧。其实我对风格并没有很强的执着，更多的是花时间把我的观点表现出来。如果一个点子由特定的材料引发，那我会对读者看出别的影响感到好奇。我有许多极其崇拜的艺术家。当读者和我分享他们对我的艺术风格的想法时，有的时候我会赞成，有的时候则不置可否。但大多数时候我会觉得他们的看法很有意思。

Y：那么你会同意别人说爱德华·戈里影响了你的看法吗？

L：这个问题很有意思。我能理解他们为什么会这样评论，戈里的人物线条很狭长，我的很多人物也是这样。我很爱戈里，但我创作的时候并没有想到他。他的风格如此鲜明，我并不想步他后尘。

Y：这本书出版已经几年了，今天重新回顾这本书，你有什么新的感觉吗？你和自己之前的作品保持着一种什么样的关系呢？

L：重新回顾的时候，我经常感慨："原来那个时候我是这样想的？"于是我就被激起了以前的思维模式。但我也总是想要做出突破，不想停留在之前作品的框架内。对我来说最棒的体验，就是和喜爱我作品的读者一起交流，比如今天听你讲出一些我试图传递的信息，这比我自己回顾作品挑刺要好多了。

Y：在采访的最后，劳伦，可以向读完这本书的中国读者推荐一些你喜欢的艺术家和天气有关的书籍吗？

L：好的。这些是我比较喜欢的艺术家：Amadeo Lorenzato，Milton Avery，George Ault，Utagawa Kuniyoshi，Arthur Dove，William Degouve de Nuncques。关于天气的书籍，我想推荐这几本：*A Woman in the Polar Night* by Christiane Ritter，*Insectopedia* by Hugh Raffles，*Arctic Dreams* by Barry Lopez，*The Rambunctious Garden* by Emma Maris，*The Sixth Extinction* by Elizabeth Kolbert（《大灭绝时代：一部反常的自然史》，上海译文出版社，2015）。

图书在版编目（CIP）数据

电闪雷鸣：天气的过去、现在与未来 /（美）劳伦·瑞德尼斯著；罗猿宝译．-- 北京：北京联合出版公司，2022.5

ISBN 978-7-5596-5969-9

Ⅰ．①电… Ⅱ．①劳… ②罗… Ⅲ．①大气科学－普及读物 Ⅳ．① P4-49

中国版本图书馆 CIP 数据核字 (2022) 第 024367 号

北京市版权局著作权合同登记 图字：01-2022-0747

电闪雷鸣：天气的过去、现在与未来

著　　者：［美］劳伦·瑞德尼斯
译　　者：罗猿宝
审　　校：朱　丰
出 品 人：赵红仕
选题策划：后浪出版公司
出版统筹：吴兴元
特约编辑：费艳夏
责任编辑：夏应鹏
营销推广：ONEBOOK
装帧制造：墨白空间·张静涵

北京联合出版公司出版
（北京市西城区德外大街 83 号楼 9 层　100088）
天津图文方嘉印刷有限公司印刷　新华书店经销
字数 249 千字　889 毫米 × 1194 毫米　1/16　18 印张
2022 年 5 月第 1 版　2022 年 5 月第 1 次印刷
ISBN 978-7-5596-5969-9
定价：128.00 元

后浪出版咨询(北京)有限责任公司

劳伦·瑞德尼斯是好几部图像式非虚构作品的创作
者，也是麦克阿瑟天才奖得主。《电闪雷鸣：天气的
过去、现在与未来》曾荣获 2016 年度笔会 /E.O. 威尔
逊文学科学写作奖。她的另一部作品《放射性：玛
丽·居里和皮埃尔·居里，一个爱与放射性余波的
故 事》(*Radioactive: Marie & Pierre Curie, A Tale of
Love and Fallout*) 曾入围美国国家图书奖。劳伦
最新的著作《橡树坪：美国西部的神圣土地之争》
(*Oak Flat: A Fight for Sacred Land in the American
West*) 被《纽约时报》大赞"精彩"。她目前在美
国纽约市的帕森斯设计学院任教。

译者：罗猿宝，杭州人，目前在哥伦比亚大学攻读中国宗教史。不看书的时候沉迷于吃巧克力，偶尔写糟糕的小诗。

审校：朱丰，威斯康辛大学麦迪逊分校大气与海洋科学硕士，南加州大学地球科学博士，主要研究兴趣包括古气候重建以及机器学习在气象与气候问题中的应用。

后浪微信｜hinabook

筹划出版｜银杏树下

出版统筹｜吴兴元｜选题策划｜费艳夏

责任编辑｜夏应鹏｜特约编辑｜费艳夏

装帧制造｜墨白空间·张静涵｜mobai@hinabook.com

后浪微博｜@后浪图书

读者服务｜reader@hinabook.com 188-1142-1266

投稿服务｜onebook@hinabook.com 133-6631-2326

直销服务｜buy@hinabook.com 133-6657-3072

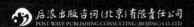
后浪出版咨询（北京）有限责任公司
POST WAVE PUBLISHING CONSULTING (BEIJING) CO.,LTD